Wissenschaftliche Reihe Fahrzeugtechnik Universität Stuttgart

Reihe herausgegeben von

André Casal Kulzer, Stuttgart, Deutschland

Hans-Christian Reuss, Stuttgart, Deutschland

Andreas Wagner, Stuttgart, Deutschland

Das Institut für Fahrzeugtechnik Stuttgart (IFS) an der Universität Stuttgart forscht interdisziplinär sowie technologieoffen an modernen und zukunftsorientierten Fahrzeugkonzepten. In enger Zusammenarbeit mit Partnern aus Industrie und Wissenschaft entstehen neue Lösungen für die Mobilität der Zukunft. Das Institut gliedert sich in drei spezialisierte Lehrstühle, die gemeinsam das gesamte Spektrum der Fahrzeugtechnik abdecken: Der **Lehrstuhl für Fahrzeugantriebssysteme** widmet sich der Forschung nachhaltiger Antriebslösungen für künftige Mobilitätskonzepte. Im Fokus stehen alternative, elektrische sowie hybride Antriebssysteme und deren Komponenten – einschließlich der Nutzung nachhaltiger Energieträger wie Wasserstoff, synthetischer Kraftstoffe und Batterien. Der **Lehrstuhl für Kraftfahrzeugmechatronik** beschäftigt sich mit vernetzten, intelligenten und adaptiven Fahrzeugen. Im Zentrum stehen Fragestellungen zum Automatisierten und Vernetzten Fahren, Diagnose, Ladetechnologien, verteilte Systeme sowie softwarebasierte Fahrzeugfunktionen. Der **Lehrstuhl für Kraftfahrwesen** erforscht die physikalischen Grundlagen der Auslegung zukünftiger Fahrzeugkonzepte. Im Mittelpunkt stehen die Bereiche Aerodynamik, Windkanaltechnik, Akustik/NVH, Fahrzeugdynamik, Reifenmanagement und Thermomanagement Gesamtfahrzeug. Das IFS verfügt über eine vielfältige und hochmoderne Forschungsinfrastruktur, die realitätsnahe Untersuchungen vom Einzelbauteil bis zum Gesamtfahrzeug ermöglicht. Besonders hervorzuheben sind der Multikonfigurations- und Antriebsprüfstand für komplexe Antriebskonzepte, der Stuttgarter Fahrsimulator zur Untersuchung menschlichen Fahrverhaltens, der Aeroakustik-Fahrzeugwindkanal für akustische und strömungstechnische Fragestellungen sowie der Thermowindkanal zur Analyse thermischer Prozesse im Gesamtfahrzeug. Die wissenschaftliche Reihe „Fahrzeugtechnik Universität Stuttgart" dokumentiert die im Rahmen von Promotionen am IFS entstandene Beiträge zur Mobilität der Zukunft und zeigt deren thematische Vielfalt, methodische Tiefe und Praxisrelevanz.

Reihe herausgegeben von

Prof. Dr.-Ing. André Casal Kulzer
Lehrstuhl Fahrzeugantriebssysteme
Institut für Fahrzeugtechnik Stuttgart
Universität Stuttgart
Stuttgart, Deutschland

Prof. Dr.-Ing. Hans-Christian Reuss
Lehrstuhl Kraftfahrzeugmechatronik
Institut für Fahrzeugtechnik Stuttgart
Universität Stuttgart
Stuttgart, Deutschland

Prof Dr.-Ing. Andreas Wagner
Lehrstuhl Kraftfahrwesen
Institut für Fahrzeugtechnik Stuttgart
Universität Stuttgart
Stuttgart, Deutschland

Lukas Brandl

Auslegung und Integration eines piezoelektrischen Energy-Harvesters zur Versorgung von Sensoren auf Rotoren elektrischer Maschinen

Springer Vieweg

Lukas Brandl
IFS, Fakultät 7 Lehrstuhl für
Kraftfahrzeugmechatronik
Universität Stuttgart
Stuttgart, Deutschland

Zugl.: Dissertation Universität Stuttgart, 2025
D93

ISSN 2567-0042 ISSN 2567-0352 (electronic)
Wissenschaftliche Reihe Fahrzeugtechnik Universität Stuttgart
ISBN 978-3-658-50105-1 ISBN 978-3-658-50106-8 (eBook)
https://doi.org/10.1007/978-3-658-50106-8

Die Deutsche Nationalbibliothek verzeichnet diese Publikation in der Deutschen Nationalbibliografie; detaillierte bibliografische Daten sind im Internet über https://portal.dnb.de abrufbar.

Planung/Lektorat: Friederike Lierheimer
Springer Vieweg ist ein Imprint der eingetragenen Gesellschaft Springer Fachmedien Wiesbaden GmbH und ist ein Teil von Springer Nature.
Die Anschrift der Gesellschaft ist: Abraham-Lincoln-Str. 46, 65189 Wiesbaden, Germany

Vorwort

Die vorliegende Arbeit entstand während meiner Tätigkeit als wissenschaftlicher Mitarbeiter am Institut für Fahrzeugtechnik Stuttgart (IFS) unter der Leitung von Herrn Prof. Dr.-Ing. H.-C. Reuss. Die Motivation für diese Arbeit entstand im Rahmen der Bearbeitung eines Projekts am InnovationsCampus Mobilität der Zukunft.

Mein besonderer Dank gilt Herrn Prof. Dr.-Ing. H.-C. Reuss für das Ermöglichen der Doktorarbeit und der Betreuung dieser sowie das in mich gesetzte Vertrauen. Herrn Prof. Dr. rer. nat. Frank Gauterin danke ich für die Übernahme des Mitberichts und das dadurch bekundete Interesse an meiner Dissertation.

Weiterhin bedanke ich mich bei meinem Bereichsleiter Dr.-Ing. Thomas Riemer, meinem Projektleiter Dr.-Ing Dan Greiner sowie meinen Kollegen und Kolleginnen für die gute Zusammenarbeit und tolle Arbeitsatmosphäre. Ein weiter Dank gilt allen Studenten, die durch ihre Abschlussarbeiten einen wesentlichen Beitrag zu dieser Dissertation geleistet haben.

Bedanken möchte ich mich bei Dr.-Ing. Jonas Maier und Lukas Lang für den regelmäßigen fachlichen Austausch, welcher maßgeblich zur erfolgreichen Umsetzung dieser Arbeit beigetragen hat sowie für die Durchsicht und Korrektur der Dissertation. Daran anschließend danke ich meinem Onkel Dr. rer. nat. Joachim Wolff für die Durchsicht und Korrektur der Arbeit. Ihm und meiner Tante Susanne Wolff danke ich zudem für die Unterstützung während meines Studiums und darüber hinaus.

Zuletzt möchte ich mich bei meinen Eltern bedanken für die Ausbildung die ich durch sie genießen durfte und die fortwährende Unterstützung, ohne die diese Arbeit nicht möglich gewesen wäre.

Herrenberg Lukas Brandl

Inhaltsverzeichnis

Abbildungsverzeichnis

Tabellenverzeichnis

Abkürzungsverzeichnis

μC	Mikrocontroller
ASM	Asynchronmaschine
BMW	Bayerische Motorenwerke AG
CM	Condition Monitoring
DT	Digital Twin
ECU	Motorsteuergerät (engl. *engine control unit*)
EHC	Energy-Harvesting-Circuit
EM	elektrische Maschine
EoL	End-of-Line
FE	Finite-Elemente
FEA	Finite-Elementalyse
FEM	Finite-Element-Methode
FKFS	Forschungsinstitut für Kraftfahrwesen und Fahrzeugmotoren Stuttgart
HIL	Hardware-in-the-Loop
IEEE	Institute of Electrical and Electronics Engineers
IGBT	Isolierter Gate Bipolartransistor
IL	In-Line
IoT	Internet-of-Things
Kfz	Kraftfahrzeug
KI	Künstliche Intelligenz
KNN	Künstliches Neuronales Netz

KOS	Koordinatensystem
MEMS	Mikroelektromechanische Systeme
MFC	Macro-Fiber-Composite
ML	Maschinelles Lernen
MOSFET	Metall-Oxid-Halbleiter-Feldeffekttransistor
NASA	National Aeronautics and Space Administration
OEM	Originalgerätehersteller (engl. *original equipment manufacturer*)
PdM	Predictive Maintenance
PEG	piezoelektrischer Generator
PEH	piezoelektrischer Energy-Harvester
Pkw	Personenkraftwagen
PM	Permanentmagnet
PSM	Permanentmagneterregte-Synchronmaschine
PWM	Pulsweitenmodulation
PZT	Blei-Zirkonat-Titanat
SDOF	Single Degree of Freedom
SiC	Siliziumkarbid-Halbleiter
TRV	Torque per Rotorvolume
WLTP	Worldwide harmonized Light vehicles Test Procedure
WPAN	Wireless Personal Area Network

Symbolverzeichnis

	Griechische Buchstaben	
β	Kerbwirkungszahl	-
ϵ	Permittivität	F/m
γ	Verdrehwinkel	°
κ	Flächenbelastung des Ersatzträgers	-
μ_{Un}	Erwartungswert der Unwucht	-
φ_{Ritzel}	Winkel der Zahnflanke des Ritzels	°
ϕ	Winkel zwischen den MFC-Patchs	°
ρ	Dichte	kg/m^3
σ	mechanische Spannung	N/m^2
σ_b	Biegespannung	N/m^2
σ_t	Normalspannung aus Torsion	N/m^2
τ	Schubspannung	N/m^2
τ_t	Schubspannung durch Torsion	N/m^2
υ	Poissonzahl	–

	Indizes
abs	Absatz
aktiv	Aktiver Bereich des Rotors
b	Biegung
ba	Auftretende Amplitude Biegung
bADK	Ertragbare Amplitude Biegung für Dauerfestigkeit gekerbter Bauteile Zug/Druck
bw	Wechselbiegung
cap	Kondensator
F	Fahrzeug
F_{Rad}	Radialkraft am Ritzel
gau	Gauss-Verteilung
in	Eingang bezogen auf den EHC
ist	Ist-Wert

komb	Kombiniert
leer	Leerlauf
li	Linkes Teil der Rotorwelle
LTC	LTC3588-1
max	Maximalwert
mess	Messung
mess,erst	Erste Messung der Sensorik
min	Minimalwert
mor	Mor´sche Analogie
out	Ausgang bezogen auf den PEH
pin	Abtrieb der Rotorwelle
re	Rechter Teil der Rotorwelle
Sim	Simulationsdauer
soll	Soll-Wert
t	Torsion
t-Sim	Simulierte Zeit
ta	Auftretende Amplitude Torsion
tADK	Ertragbare Amplitude Torsion für Dauerfestigkeit gekerbter Bauteile Zug/Druck
Un	Unwucht
UVLO	Undervoltage-Lookout
ver	Verbund
vor	Vorauslegung
zda	Auftretende Amplitude Zug/Druck
zdADK	Ertragbare Amplitude Zug/Druck für Dauerfestigkeit gekerbter Bauteile Zug/Druck
zul	Zulässig
zy	Zykluszeit der Simulation

	Lateinische Buchstaben	
A	Fläche	m^2
a_i	Amplitude der Gauss-Verteilung	-
a	Beschleunigung	m/s^2
ab	Abstand	m
b_i	x-Position der Amplitude der Gauss-Verteilung	m

b	Breite	m
c^E	Elastische Steifigkeit	N/m^2
c_{Kap}	Kondensatorkapazität	F
D	Dielektrische Verschiebung	C/m^2
$\underline{d}$	Piezoelektrischer Koeffizient in der d-Form	C/N
d	Durchmesser	m
d_A	Außendurchmesser	m
d_a	Innendurchmesser Rotor	m
d_i	Innendurchmesser Rotorwelle	m
E	Elektrische Feldstärke	V/m
e	Piezoelektrischer Koeffizient in der e-Form	C/m^2
E_m	E-Modul	N/m^2
F	Mechanische Kraft	N
f	Frequenz	Hz
F_A	Kraft am Lager A	N
F_{rad}	Radialkraft am Ritzel	N
F_U	Unwuchtkraft	N
G	Gütestufe der Unwucht	-
G_m	Schubmodul	N/m^2
h	Höhe	m
I_p	Polares Flächenträgheitsmoment	m^4
I	Elektrischer Strom	A
J	Abmaße der MFC-Patchs	m
i_G	Getriebeübersetzung	-
I_y	Flächenträgheitsmoment um die y-Achse	m^4
K	Anzahl Werte	-
K_{Ev}	Kennwert der Evaluation	-
L	Länge Rotor	m
l	Länge	m
l_k	Abstand der Unwucht zu einer Referenzebene	m
M	Drehmoment	Nm
M_b	Biegemoment	Nm
m_{Rotor}	Masse des Rotors	kg
M_t	Torsionsmoment	Nm
m_U	Masse der Unwucht	kg
N	Anzahl Werte	-

n	Drehzahl	1/min
P_R	Resultierende Momentenunwucht	kgm
Q	Elektrische Ladung	C
Q_z	Querkraftbelastung	C
q_z	Flächenlast in z-Richtung	-
R_L	Lastwiderstand	Ω
r_{ab}	Radius des Abtriebs	m
r_{rad}	Radius der Rades	m
r_u	Radius der Unwucht	m
S	Mechanische Dehunung	m/m
s	Elastische Nachgiebigkeit	m^2/N
S_{min}	Sicherheitswert gegen Dauerbruch	-
T	Mechansiche Spannung	N/m^2
t	Zeit	s
U_k	Einzelne Unwucht	kgm
u_m	Schrittweite	m
U	Unwucht	kgm
U_r	Resultierende Unwucht	kgm
U_{zul}	Zulässige Unwucht	kgm
V	Elektrische Spannung	V
v	Geschwindigkeit	m/s
w	Durchbiegung	m
W_b	Biegewiderstandsmoment	m^3
W_t	Torsionswiderstandsmoment	m^3
y_{Gau}	Funktion der Gauss-Verteilung	-
z_0	z-Koordinate der neutralen Faser	m
z_s	z-Koordinate des Flächenschwerpunktes	m

Kurzfassung

Der zunehmende Wechsel des Antriebskonzeptes in Automobilen, weg von Verbrennungsmotoren und hin zu elektrischen Maschinen, rückt die Entwicklung rund um diese Maschine in den Fokus der Automobilindustrie. Um ein konkurrenzfähiges Produkt zu entwickeln, sind die Produkteigenschaften stetig zu optimieren. Für den Antrieb sind die Aspekte der Zuverlässigkeit und Effizienz zwei wesentliche Eigenschaften, die es zu verbessern gilt. Durch Optimierung eines bestehenden Konzepts, oder Entwicklung innovativer Ansätze für neue Konzepte, sind die Effizienz und Zuverlässigkeit des Antriebes zu steigern. Daten von Sensoren, die die physikalischen Größen des Antriebs messen, schaffen ein detaillierteres Verständnis über die Vorgänge in der elektrischen Maschine, um diese zu optimieren, oder bilden die Grundlage sensorgestützter Funktionen, die den Betrieb der Maschine verbessern. Sind Sensoren auf dem Stator der elektrischen Maschine bereits etabliert, gilt dies nicht für rotorseitige Sensorik. Grund dafür ist die Herausforderung der elektrischen Versorgung dieser Sensoren. Die Entwicklung im Bereich der Sensorik zeigt eine stetige Reduktion des elektrischen Verbrauchs, womit neuartige Ansätze für die Versorgung der Sensorik ermöglicht werden. Energy-Harvesting ist ein Ansatz, der in den letzten Jahren Einzug in die Forschung und Entwicklung gehalten hat. Ein Energy-Harvester sammelt Energie aus seiner Umgebung und wandelt diese in elektrische Energie um. Ist ausreichend Energie in der Umgebung vorhanden, ist das vom Harvester versorgte System energieautark.

In dieser Arbeit wird untersucht, ob ein piezoelektrischer Energy-Harvester eine Sensorik elektrisch versorgen kann. Harvester und Sensor befinden sich beide auf der Rotorwelle. Um diese Frage zu beantworten, ist eine Methode entwickelt worden, mit der solch ein Harvester auszulegen ist. Die Methode ist in den Entwicklungsprozess der elektrischen Maschine integriert und gewährleistet so ein Energy-Harvesting-gerechtes Rotordesign. Das piezoelektrische Material ist auf der Oberfläche der Rotorwelle angebracht und wird so durch die mechanischen Lasten, die auf die Rotorwelle wirken, belastet. Durch eine virtuelle Modellierung des mit der Methode ausgelegten piezoelektrischen

Energy-Harvester und einer Sensorik in einer Co-Simulation, ist die Versorgung der Sensorik für Fahrzyklen zu prüfen. Anhand der Ergebnisse der Simulation ist das Gesamtsystem zu optimieren. Bei der Co-Simulation zur Berechnung des Verhaltens des piezoelektrischen Energy-Harvesters im Zusammenspiel mit einer Sensorik wurde der Fokus auf eine korrekte Darstellung des piezoelektrischen Rückkopplungseffektes gelegt.

Die Ergebnisse der Arbeit zeigen, dass eine rotorseitige Sensorik durch einen piezoelektrischen Energy-Harvester, unter gegebenen Randbedingungen, versorgt werden kann.

Abstract

The ongoing change in the drive concept in cars, away from combustion engines and towards electric machines, is moving the development of this machine into the focus of the automotive industry. In order to develop a competitive product, the product properties must be constantly optimized. For the drive, reliability and efficiency are two key aspects that need to be improved. The efficiency and reliability of the drive must be increased by optimizing an existing concept or developing innovative approaches for new concepts. Data from sensors measuring the physical parameters of the drive provide a more detailed understanding of the processes inside the electrical machine in order to optimize it, or form the basis of sensor-based functions that improve the operation of the machine. While it is established to attach sensors to the fixed parts of machines, such as stators, moving parts like rotors pose a major challenge due to the power supply. Developments in the field of sensors are showing a steady reduction in electrical consumption of the sensors. Thus enabling new approaches regarding the electrical supply of the sensors. Energy harvesting is an approach that has found its way into research and development in recent years. An energy harvester collects energy from its environment and converts it into electrical energy. If sufficient energy is available in the environment, the system supplied by the harvester is energy self-sufficient.

This thesis investigates whether a piezoelectric energy harvester can supply a sensor system with electricity. The harvester and sensor are both located on the rotor shaft. To answer this question, a method has been developed to design such a harvester. The method is integrated into the development process of the electrical machine and thus ensures an energy harvesting-compliant rotor design. The piezoelectric material is attached to the surface of the rotor shaft and is thereby stressed by the mechanical loads acting on the rotor shaft. Virtual modeling of the piezoelectric energy harvester designed with the presented method and a sensor system in a co-simulation is used to test the electrical supply of the sensor system for driving cycles. To calculate the behavior of the piezoelectric energy harvester in the co-simulation in combination with a sensor system, the focus was put on a correct representation of the piezoelectric backcoupling effect. The results of the work show that a rotor-side sensor system can be supplied by a piezoelectric energy harvester under the given boundary conditions.

Chapter 1 of the thesis provides an introduction to the topic. For this, the topic is placed in context and the current challenges are described. From this, research questions are defined as objectives, which are to be answered within the scope of the thesis. The chapter also provides an overview of the structure of the thesis. The necessary improvement of the customer-effective product characteristics of an electric machine in the automotive sector is shown. Sensors make a contribution to this, with rotor-side sensor technology being mentioned as a new potential. The challenge here is to overcome the electrical supply of such sensors. For this purpose, the piezoelectric energy harvester is identified.

The basic principles that are relevant for the subsequent work and cannot be assumed to be known are shown in Chapter 2. In addition, an overview of the current state of the art is given, from which the necessity of rotor-side sensor technology is again demonstrated. Sensor-supported functions that are implemented in an electrical machine are explained along the life cycle of the machine, and the potential applications for further sensors are shown. The focus here is on rotor-side sensor technology. A distinction is made between sensors whose data are used in pre-series and series development and sensors that are used to monitor the electrical machine during operation. Both offer the potential to improve the product characteristics of the machine. Current developments in the field of contactless data transmission and approaches for supplying a rotor-side sensor system will be presented. This results in the innovative concept of the piezoelectric energy harvester. Based on this, the process of energy harvesting is described and placed in the context of the electrical machine. For the piezoelectric energy harvester, the literature is reviewed with regard to various design options, and a patch configuration is selected for the further procedure in this work, in which the piezoelectric material is mounted directly on the rotor shaft. Furthermore, the system of a piezoelectric energy harvester is defined as it is understood in this work. Since the energy harvester used in this work is based on the piezoelectric effect, piezoelectricity is explained, and the basic equation for its calculation is introduced. One focus is on the piezoelectric backcoupling effect, which is relevant for the interaction between the harvester and the sensor system. This is followed by a description of the macro-fiber composite patch, as this is the piezoelectric material used in this work, and the derivation of the necessary mathematical equation. The approaches required to calculate the material for the design of a piezoelectric energy harvester are derived, and their advantages and disadvantages are discussed. The design of a piezoelectric energy harvester, which is positioned on the rotor shaft, is subject to application-specific boundary conditions resulting from the machine design process. Therefore, this design process is investigated in detail, whereby only those electrical machines are included in this work that are used as traction machines in passenger cars. It shows the starting point for the novel design method of a piezoelectric energy harvester. In addition, the structure of the rotor, as defined in this work, is introduced and described. The electrical machine is analyzed with regard to energy sources for a piezoelectric energy harvester which are mechanical stresses. A distinction is made between bending and torsional stresses, which act in the rotor shaft and therefore also on the energy harvester. A bending stress caused by the radial force on the output pinion and a bending stress caused by the imbalance of the rotor are identified. It is worked out that a torsional stress is caused by the transmission of the generated torque through the rotor shaft. In addition, there is an alternating torsional stress as a result of the rotating electric field created by the inverter. The equations for calculation are derived for all loads. The required calculation method for loads in composite cross-sections and Mor's analogy for calculating a deflection of the rotor shaft are also included.

Chapter 3 presents the method that was developed as part of this work for designing a rotor-side piezoelectric energy harvester. The method is integrated into the overall design process of the electrical machine. Since the application of a piezoelectric energy harvester on the rotor of an electric machine is a new concept, a method has been developed for designing such a harvester. The individual steps of the method are presented and the special features explained. It starts with a mechanical system design based on the design process of the electrical machine. The procedure for the mechanical design of a rotor shaft is shown, considering DIN 743, which validates the design. The dimensions of the macro-fiber composite patches are determined on the basis of the geometric of the shaft determined in this way. The newly developed method for determining the unbalance of a rotor shaft is presented and the procedure is derived. The method is a statistical prediction of the unbalance of the rotor shaft, whereby it is shown that the deflection of the rotor shaft from randomly selected unbalance states behaves as a double Gaussian distribution. Based on the previous steps, all forces acting on the piezoelectric energy harvester are determined, considering the loads identified in chapter 2, which concludes the mechanical description of the system. This is followed by the electrical description of the piezoelectric energy harvester. The electrical behavior is described in this thesis on the basis of simulative models, which are used to couple the mechanical and electrical domain of the harvester. For this purpose, a co-simulation has been developed. A focus is set on the backcoupling effect. The simulation consists of an FE model to describe the macro-fiber composite and a system simulation for the electrical network, consisting of power electronics and sensor system. Since the work is set in the context of traction machines of passenger cars, the simulation of the harvester in driving scenarios of the car is necessary. This requires an adaptation of the model in order to reduce the simulation time. For this purpose, the novel approach of describing the macro-fiber composite by a 2D map is presented, which enables the simulation of driving scenarios. The method is concluded with the evaluation step. An introduced metric for evaluating the design is shown, which enables a comparison of different design variants. The evaluation is divided at the one hand into the mechanical system design and on the other hand into the electrical behavior of the piezoelectric energy harvester.

The results of simulative tests that were generated with the previously defined model of the piezoelectric energy harvester are presented in Chapter 4. The investigations carried out initially serve to validate the co-simulation described in Chapter 3. Furthermore, the area of application in which the model is valid is shown. For the validation of the co-simulation, two different approaches for the calculation of the macro-fiber composite are compared with the co-simulation with 2D characteristic map. It is shown that the three variants have a maximum deviation of 0.035% , which means that the co-simulation is considered validated. Since the output power of a piezoelectric energy harvester depends not only on the amplitude of the applied mechanical stresses, but also on the frequency at which the mechanical stresses variates, a harmonic analysis of the harvester is carried out. It is shown that the piezoelectric energy harvester exhibits a resonance event, but the frequencies of the mechanical stresses are in a range with linear behavior, which is a prerequisite for using the 2D map. By looking at different configurations of macro-fiber composite patches, it is investigated how these are to be electrically connected for optimum energy generation. It is shown that a parallel connection via separate rectifiers is preferable for the patches that are under bending stress. For the patches for torsion, an optimum was found for serial connection. The average electrical power generated by the piezoelectric energy harvester from the various energy sources in the form of the different mechanical loads on the rotor is investigated. A distinction is made between loads that occur on the ideal rotor and loads that only occur on the real rotor. From an energy harvester perspective, stressing the rotor only with the ideal loads is defined as a worst-case scenario, whereby the electrical energy generated in this way is regarded as safe. The best case is formed by adding the mechanical loads on the real rotor. The electrical output power of the harvester is examined for three driving scenarios taken from the Worldwide Harmonized Light Vehicles Test Procedure. The investigation of the energy sources of the energy harvester, based on the worst-best-case consideration, shows a clear dependence of the output power on the torque generated by the electric motor and thus the acceleration of the vehicle. The analysis of the three driving scenarios shows that the average power as a result applying bending stresses is higher than that obtained with torsional stresses. Further it is shown that for torsional stresses the output power can be significantly increased in the best-case scenario.

In Chapter 5, the method from Chapter 3 is applied to an electrical machine. Practical proof is provided by applying the method to a real example. The findings obtained from the results of this chapter serve to answer the research questions posed at the beginning of the thesis. The mechanical system design, as the first step of the method, is run through for designs of the rotor shaft as a hollow and solid shaft. The metrics of the evaluation shows that the hollow shaft compared to the solid shaft is to be preferred with regard to maximum energy generation by the piezoelectric energy harvester. This is followed by the modeling of the piezoelectric energy harvester in the newly developed co-simulation. In order to model a complete system, a sensor system whose electric consumption is known from real measurements is added to the co-simulation. The sensor system consists of a temperature sensor, power electronics for rectifying and regulating the output voltage, capacitor as energy storage and a microcontroller. The microcontroller includes a transmitter unit in order to transmit the measurement data contactless. Studies are carried out to show the influence of the capacity of the electrical storage size on the performance of the system. Investigations are carried out using the metric of the evaluation. It is shown that the choice of electric storage size depends both on the operating strategy of the sensor system and on the driving scenarios in which the piezoelectric energy harvester is considered. In general, reducing the storage capacity leads to the system reaching the operating voltage of the sensor system more quickly. If the storage capacity is increased, the required electric charge for carrying out a measurement cycle is available more quickly. The scenario under consideration, in which the piezoelectric energy harvester is operated, also has an influence on the choice of storage size. If the energy that can be collected by the energy harvester in the scenario is low, increasing the storage capacity can improve the metrics of the evaluation. Chapter 5 concludes with an investigation of various operating strategies for the sensor system. It is shown that a sensor system supplied with a piezoelectric energy harvester is suitable for event-controlled operating strategies, but not for continuous monitoring due to the strong fluctuation in the output power of the harvester and its dependence on the generated torque in the electrical machine. With the evaluation of the results from the co-simulation based on the metrics of the evaluation, the method has been completed. The results of this chapter show that a piezoelectric energy harvester designed in accordance with Chapter 3 can supply a sensor system with a quantity electric energy suitable to operate the sensor. By using a sensor system whose consumption has been validated and simulating the overall system in sections of the Worldwide Harmonized Light Vehicles Test Procedure, practical proof has also been provided. The proof demonstrates that a novel approach has been created for supplying a rotor-side sensor system in electric traction machines in passenger cars. The method used for this is linked to the development process of the EM, which enables a design of the electric machine that is suitable for piezoelectric energy harvesters.

A summary of the results of the thesis is given in Chapter 6. In this chapter the answers of the research questions posed at the beginning of the thesis are presentet. It concludes with an outlook, in which possible research directions that could follow on from this work are outlined.

1 Einleitung

Die Automobilindustrie sieht sich einem zunehmenden Wechsel des Antriebskonzeptes gegenüber. Der Antrieb wird elektrifiziert und die elektrische Maschine (EM) löst den Verbrennungsmotor als Traktionsmaschine ab (Abbildung 1.1). Es ist zu erwarten, dass sich dieser Trend auch in Zukunft fortsetzt.

Durch den Einzug der EM in den Sektor der Automobilindustrie muss sich die EM den erhöhten Anforderungen dieser Industrie anpassen. Insbesondere die Zuverlässigkeit und die Effizienz sind im Fokus der Automobilindustrie. Das Kraftfahrzeug (Kfz) als Produkt fordert die Originalgerätehersteller (engl. *original equipment manufacturer*) (OEM) dazu heraus, stetig die kundenwirksamen Produkteigenschaften zu verbessern, um sich damit gegenüber den Wettbewerbern absetzen zu können. Hinzu kommen durch Gesetze und Normen festgelegte Rahmenbedingungen und Anforderung an das Kfz, die es zu erfüllen gilt. Die Rahmenbedingungen und Anforderungen zielen vorrangig auf die Effizienz des Antriebs ab. Hinzu kommt, dass durch den allgemein wachsenden Bedarf an elektrischer Energie in der Gesellschaft eine zusätzliche Steigerung der Effizienz von technischen Systemen erforderlich ist [3].

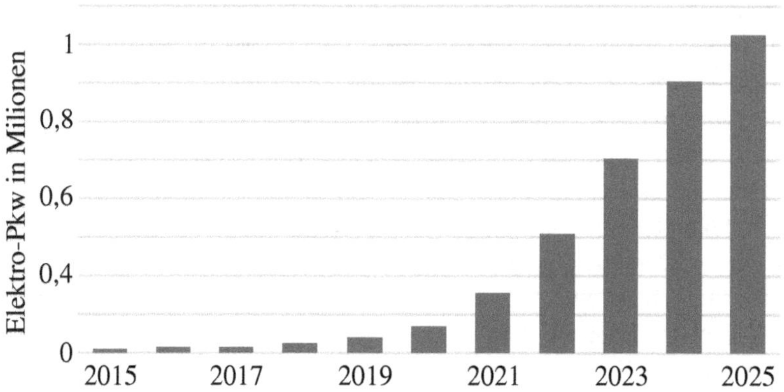

Abbildung 1.1: Verlauf der Anzahl der in Deutschland zugelassenen Fahrzeuge mit E-Antrieb nach [56]

L. Brandl, *Auslegung und Integration eines piezoelektrischen Energy-Harvesters zur Versorgung von Sensoren auf Rotoren elektrischer Maschinen*,
Wissenschaftliche Reihe Fahrzeugtechnik Universität Stuttgart,
https://doi.org/10.1007/978-3-658-50106-8_1

Um sich diesen Herausforderungen zu stellen, gilt es, auch in der Entwicklung der Produkteigenschaften der EM diese stetig zu verbessern. Dabei ist eine Betrachtung des gesamten Lebenszyklus der EM erforderlich [85]. Das Innovationspotenzial einer EM ist nur vollständig ausschöpfbar, wenn sie im Systemkontext betrachtet wird [14]. Das System besteht dabei aus Energiequelle, Leistungselektronik und einer Systemregelung. Eine Verbesserung der Produkteigenschaften ist auf zwei Wegen zu erreichen. Zum einen kann auf Basis von Erkenntnissen aus der Vergangenheit das bestehende Konzept optimiert, zum anderen können neuartige Ansätze realisiert werden.

Für beide Ansätze ist ein genaues Verständnis der EM und deren Komponenten erforderlich. Da es sich bei der EM um ein technisches System handelt, ist das Messen von physikalischen Größen der EM ein Weg, um ein Verständnis über deren Funktionsweise zu erlangen. Das Messen der physikalischen Größen erfolgt durch Sensoren, die auf und in der Maschine positioniert sind. Die Daten der Sensoren sind aus dem Betrieb in die Entwicklung der nächsten Generation zuzuführen oder in Form von Funktionen in den aktiven Betrieb der EM einzubinden. Für Funktionen, die in den Betrieb involviert sind, schafft die echtzeitfähige Signalverarbeitung neue Freiheitsgrade [14].

Die zentrale Aufgabe einer EM ist das Erzeugen eines Drehmoments durch Wandeln elektrischer in mechanische Energie. Die Wandlung beruht auf einer elektromagnetischen Wechselwirkung von Stator und Rotor der EM. Diese Wechselwirkung ist neben den elektromagnetischen Parametern auch von mechanischen und thermischen Parametern beider Komponenten abhängig. Diese Parameter gilt es zu überwachen und zu regeln. Dazu benötigte Sensoren sind auf dem Stator bereits umgesetzt worden. Die physikalischen Größen des Rotors hingegen werden aus den Größen des Stators mittels physikalischer Modelle berechnet. Diese unterliegen im Vergleich zu einer direkten Messung der physikalischen Größe auf dem Rotor Ungenauigkeiten auf Grund von Annahmen, die bei der Erstellung der Modelle zu treffen sind. Als Beispiel ist hier eine Temperaturüberwachung der Magnete einer permanentmagneterregten-Synchronmaschine (PSM) aufzuführen. Die Temperaturüberwachung dient dem Bauteilschutz durch Limitierung der Temperatur des Rotors. Baumann et al. [11] zeigten in einer Untersuchung, dass eine direkte Messung der Temperatur eine Erhöhung der zulässigen Temperatur um 10 % ermöglicht, aufgrund der geringeren Toleranzen des Sensors im Vergleich zum Modell, womit ein effizienterer Betrieb der EM ermöglicht werden kann. Die Umsetzung einer rotorseitigen Sensorik scheitert jedoch seit Jahren meist an der Herausforderung der elektrischen Versorgung dieser Sensorik. Gleichzeitig sinkt die Leistungsaufnahme von integrierten Schaltkreisen und somit auch von Sensoren, wodurch sich neue Ansätze für die elektrische Versorgung eröffnen.

Energy-Harvesting beschreibt einen Prozess, indem ein Harvester Energie aus seiner Umgebung sammelt und in elektrische Energie umwandelt. Eine Form des Energy-Harvesting ist der piezoelektrischer Energy-Harvester (PEH). Durch ein piezoelektrisches Material wandelt dieser mechanische Spannung in elektrische Ladung um. Ist die durch den Harvester gesammelte Energie ausreichend für die Versorgung eines Sensors, ist dieser autark von einer äußeren Energiezufuhr.

1.1 Forschungsfragen

Nach Sichtung der Literatur ist zum Zeitpunkt des Verfassens dieser Arbeit kein auf dem Rotor platziertes Sensorsystem bekannt, das durch einen PEH versorgt wird. Daher stellt sich die folgende Forschungsfrage:

Kann ein methodisches Vorgehen für die Auslegung eines piezoelektrischen Energy-Harvesters auf der Rotorwelle einer EM definiert werden?

Daran angeschlossen ist die zweite Forschungsfrage dieser Arbeit:

Ist es möglich mit einem piezoelektrischen Energy-Harvester eine rotorseitige Sensorik zu versorgen?

1.2 Aufbau der Arbeit

Die vorliegende Dissertation dient der Beantwortung der zuvor gestellten Forschungsfragen.

Kapitel 2 stellt dazu die Grundlagen bereit, auf denen diese Arbeit aufbaut. Zu den Grundlagen gehört der aktuelle Stand der Technik zum Thema sensorgestützter Funktionen in einer EM, um daraus die Notwendigkeit einer rotorseitigen Sensorik zu belegen, auf der die Motivation dieser Arbeit beruht. Es folgt eine Einleitung in das Themengebiet des PEH und der Piezoelektrizität. Für diese Arbeit benötigte Grundlagen zur Berechnung von piezoelektrischen Materialien werden hergeleitet sowie das piezoelektrische Material, das Anwendung findet, definiert. Daran angeschlossen ist eine Betrachtung des Auslegungsprozesses der EM, die die Randbedingungen für die Auslegung des PEH vorgibt. Abgeschlossen wird Kapitel 2 mit einer Analyse der Energiequellen für den PEH auf der Rotorwelle der EM und deren mathematische Beschreibung.

In Kapitel 3 ist die entwickelte Methode zur Auslegung eines PEH beschrieben, die den Kern dieser Arbeit bildet. Die Schritte der Methode zur Auslegung eines PEH werden hergeleitet sowie eine Metrik für die Bewertung der Auslegung definiert. Zudem wird in diesem Kapitel die entwickelte Co-Simulation, auf die sich die Methode zur Beschreibung des elektrischen Verhaltens des PEH im Zusammenspiel mit einer Sensorik stützt, vorgestellt.

Mit der Co-Simulation werden in Kapitel 4 simulative Untersuchungen durchgeführt. Die Untersuchungen dienen der Validierung der Co-Simulation und der Schaffung eines Verständnisses der Wirkweise der Parameter in der Auslegung des PEH. Die in Kapitel 2 analysierten Energiequellen werden untersucht und die durch den PEH erzeugte Energiemenge für jede Quelle bestimmt.

Zur Beantwortung der ersten Forschungsfrage wird in Kapitel 5 die Methode auf ein praktisches Beispiel angewandt. Verschiedene Varianten der Auslegung werden miteinander verglichen. Das Gesamtsystem wird in realitätsnahen Betriebsszenarien simuliert und die Versorgung der Sensorik wird geprüft.

Kapitel 6 fasst die Ergebnisse der Dissertation zusammen und bildet den Abschluss dieser Arbeit. Ein Ausblick zeigt Möglichkeiten der Weiterentwicklung der Methode auf.

2 Grundlagen für die Auslegung eines piezoelektrischen Energy-Harvesters

In diesem Kapitel sind die theoretischen Grundlagen beschrieben, auf die sich die Auslegung eines PEH auf der Rotorwelle einer EM stützt. Mit dem Ziel einer Versorgung eines Sensorsystems durch den PEH beginnt dieses Kapitel mit der Sichtung der Literatur zum Thema sensorgestützer Funktionen in EM. Daraus ist das Potenzial vom Einsatz eines PEH abzuleiten. Abschnitt 2.2 leitet allgemein in das Themengebiet des PEH ein sowie in die Grundlagen der piezoelektrischen Materialien und deren Berechnung. Daran angeschlossen ist in Abschnitt 2.3 eine Einführung in den Auslegungsprozess einer EM, in den sich die in dieser Arbeit vorgestellte Auslegung des PEH integriert. Abschließend erfolgt in Abschnitt 2.4 die Analyse der EM hinsichtlich der Energiequellen, die durch ein PEH auf der Rotorwelle genutzt werden können.

2.1 Sensorgestützte Funktionen in der elektrischen Maschine

In der Entwicklung von technischen Systemen leisten Sensoren einen signifikanten Beitrag zur Verbesserung der Produkteigenschaften des Systems und dies über den gesamten Lebenszyklus [85]. So auch bei Traktionsmaschinen, die in Personenkraftwagen (Pkw) zum Einsatz kommen, wobei hauptsächlich Asynchronmaschinen (ASM) und PSM Anwendung finden [49], [94]. Nachfolgend sind entlang des Lebenszyklus einer EM die potenziellen Einsatzmöglichkeiten von Sensoren beschrieben. Dabei liegt der Fokus auf der für die vorliegende Arbeit relevante rotorseitigen Sensorik.

L. Brandl, *Auslegung und Integration eines piezoelektrischen Energy-Harvesters zur Versorgung von Sensoren auf Rotoren elektrischer Maschinen*,
Wissenschaftliche Reihe Fahrzeugtechnik Universität Stuttgart,
https://doi.org/10.1007/978-3-658-50106-8_2

2.1.1 Vor- und Serienentwicklung

Beginnend mit dem Entwicklungsprozess beschreiben Braess et al. [17] in einer Arbeit Sensoren als Möglichkeit zur Erkennung von Entwicklungspotenzialen in der Vorentwicklung sowie zur Absicherung von Zielsetzungen und Produkteigenschaften in der Serienentwicklung und der Produktion. Bezogen auf EM, deren Entwicklung sich primär auf Simulationsmodelle stützt, dienen Sensordaten der Validierung dieser Modelle und zur Verbesserung von deren Aussagekraft. Exemplarisch werden Schmid et al. [85] genannt, die in einer Arbeit Messwerte des magnetischen Flusses im Luftspalt zwischen Stator und Rotor zur Verbesserung der elektrischen Modellierung der Maschine identifizieren.

Für die Qualitätssicherung von EM als auch deren einzelnen Komponenten in der Produktion, sind In-Line (IL)- als auch End-of-Line (EoL)- Tests ein etabliertes Werkzeug. Bezogen auf den Rotor der EM stellen Abersfelder et al. [4] fest, dass IL-Tests von Rotoren einer PSM mögliche Fehler in der Magnetisierung frühzeitig aufzeigen, bevor diese mit dem Stator verbaut sind. Nau et al. [75] untersucht eine Methode für den IL-Test eines Rotors, ausgeführt als Kurzschlussläufer, zur Detektierung von Brüchen im Käfig.

Hinsichtlich EoL-Tests geben Tiwari et al. [93] eine Übersicht etablierter Verfahren. Rotorseitig ist hier sowohl der aktive als auch der passive Test des Thermomanagements zu nennen. In diesem wird die EM mit einer definierten Wärmeleistung beaufschlagt und mittels Temperatursensoren wird die Wärmeverteilung innerhalb der EM gemessen. Dies ist für eine PSM besonders von Relevanz, da die Temperatur der Rotormagnete die nutzbare Antriebsleistung der EM maßgeblich beeinflusst [99]. Bonart [15] entwickelt in seiner Arbeit eine EoL-Körperschallmessmethode für den gesamten elektrischen Antrieb. Die Methode ist auch auf den Rotor übertragbar, um mechanische Fehler zu erkennen.

2.1.2 Überwachung der elektrischen Maschine

Durch eine aktive Überwachung von EM ist eine Steigerung der Produktqualität erzielbar, wie von Vaimann et al. [95] berichtet. In der Literatur wird diese

Überwachung Condition Monitoring (CM) genannt [74]. Dabei dient das CM primär dem Ziel der Erkennung von Fehlern innerhalb der EM. Diese Fehler sind durch die Messung der physikalischen Größen von EM detektierbar [95]. Von Vorteil dabei ist, dass bereits kleine Abweichungen der Messwerte vom Normalzustand auf einen Fehler schließen lassen [95]. Somit ist der vollständige Ausfall der EM vermeidbar. Basak et al. [10] weisen in einer Recherche eine signifikante Steigerung der Zuverlässigkeit der EM durch die Verwendung von CM nach und bekräftigen damit das Potenzial des Einsatzes von CM. Zudem heben Doolan Fernandes et al. [31] in einer Arbeit den Stellenwert der Verwendung von rotorseitiger Sensorik hervor. Tavner et al. [91] wiesen nach, dass bis zu 44 % der Fehler in einer EM auf Schäden im Rotor zurückzuführen sind, was die Notwendigkeit von rotorseitiger Sensorik bekräftigt. Rotorfehler sind durch die rotorseitige Sensorik direkt zu bestimmen und nicht aus Statormesswerten mittels virtuellen Modellen, was zu falsch-positiven als auch falsch-negativen Ergebnissen führen kann. Wobei hier insbesondere die Überwachung des transienten Betriebs der EM an Bedeutung gewonnen hat [7].

Aus den Nachforschungen von Nandi et al. [74] und Imoru et al. [50] zum Thema des CM für EM, bezogen auf die interne Überwachung, ist eine Einteilung in drei Bereiche möglich. Die Einteilung basiert auf der technischen Domäne, die überwacht wird und ist wie folgt vorgenommen worden:

- Mechanisch
- Thermisch
- Elektrisch

Anhand dieser Unterteilung ist auch eine Auswahl der entsprechenden Sensorik ableitbar. Hierzu wird im Nachfolgenden anhand von Beispielen auf die einzelnen Bereiche eingegangen und die benötigte rotorseitige Sensorik wird abgeleitet, welche zur Umsetzung der betrachteten Anwendung nötig ist.

Im Bereich der mechanischen Überwachung der EM beruht diese überwiegend auf der Messung von Vibrationen der Komponenten. Hierbei ist für die Auswertung der Messungen die Unterteilung der Vibration in absolute und relative Anteile nötig, wobei die relative Vibration die Bewegung von der Welle zum Gehäuse beschreibt [104]. Durch kontinuierliche Überwachung der zeitlichen Änderung der gemessenen Frequenz sowie deren Amplitude, zeigt Khazaee et al. [55] in seiner Arbeit die Nachweisbarkeit von mechanischen Fehlern in der EM, wie beispielsweise Brüchen im Käfig der ASM, oder eine lockere Welle. Die Auswertung des Zeit-über-Frequenz-Verhaltens der Vibration im transienten Betrieb der EM ist eine weitere Möglichkeit des Nachweises von mechanischen Schäden [58]. Vibrationen sind auch für die Detektierung von fehlerhaften Sensoren, wie dem Hall-Sensor zur Bestimmung der Winkelposition des Rotors, verwendbar [80].

Die aufgezeigten Überwachungsmethoden basieren auf Messwerten, die meist auf dem Gehäuse der EM aufgezeichnet wurden. Schwingungen vom Rotor übertragen sich in das Gehäuse, durch deren mechanische Verbindung, wie den Lagern, welche durch ein Feder-Dämpferelement zu beschreiben sind. Die Werte dieser Elemente sind jedoch meist unbekannt, oder deren Bestimmung nur in Verbindung mit einem erheblichen Mehraufwand möglich [97]. Daher ist die Bestimmen der absoluten Schwingung des Rotors mit einer solchen Sensorkonfiguration nicht möglich, woraus sich die Nachfrage einer direkten rotorseitigen Messung der Vibration ergibt, durch die zudem die absolute Schwingung des Rotors direkt zu ermitteln ist.

Die thermische Überwachung der EM dient mehr dem Ziel des Bauteilschutzes vor einer Überlastung [98] als der direkten Fehlerdetektierung, welche die thermische Überlastung auslöst. 40 % der Ausfälle sind auf eine thermische Überlastung zurückzuführen [72]. Die Änderung des thermischen Verhaltens einer EM ist meist die Folge eines nicht-thermischen Fehlers, aus dem sich ein Verlust in Form eines Wärmestroms bedingt. Im Bereich der PSM ist insbesondere die Überwachung der Permanentmagnete im Rotor ein wichtiger Aspekt [68]. Im Falle einer Überschreitung ihrer thermischen Grenzen demagnetisieren diese, was zu einer Leistungsabnahme der EM bis hin zum Ausfall führt [38]. Auch bei einer ASM ist die Überwachung des Rotors für die Vermeidung von Schäden an dem Induktionskäfig notwendig [48], [51]. In beiden Fällen ist die Folge des Erreichens der thermischen Grenze der EM Komponenten eine Reduktion der Antriebsleistung, wobei sich in der Literatur der Begriff des Deratings etabliert hat [14]. Je genauer die Temperatur bestimmt werden kann, desto breiter ist der thermische Bereich, indem die EM betreibbar ist. Zur thermischen Überwachung stehen direkte Verfahren mittels Messtechnik und indirekte Verfahren, die auf simulativen Modellen basieren, zur Verfügung [68].

Wie Meng et al. [68] in einer Arbeit berichten, ist das direkte Verfahren hinsichtlich der Genauigkeit dem indirekten vorzuziehen. Wallscheid [98] ergänzt, dass durch die direkte Bestimmung eine flächendeckende Überwachung der Komponenten möglich ist, womit lokale Hotspots zu detektieren sind.

Sowohl bei der ASM als auch der PSM ist das Erzeugen eines geregelten Magnetflusses im Luftspalt zwischen Stator und Rotor die zentrale Aufgabe der EM, um daraus ein Drehmoment zu erzeugen. Somit ist auch die Überwachung dieses Magnetfeldes und dessen beteiligter Komponenten ein wichtiger Bestandteil des CM. Neben dem Hauptfluss, der im Luftspalt der EM als elektromagnetische Kopplung von Stator und Rotor fungiert und somit direkt der elektromechanischen Leistungserzeugung dient, sind magnetische Streuflüsse als entstehende Verluste anzusehen [67]. Diese Streuflüsse sind sowohl ein Maß für die Effizienz einer EM also auch ein Indikator für Schäden einer der am Erzeugen des Flusses beteiligten Komponenten. Wie von Mazaheri-Tehrani et al. [67] aufgeführt, lassen sich aus Änderungen der Streuflüsse an dem Permanentmagneten (PM) einer PSM Rückschlüsse auf eine Teildemagnetisierung ziehen.

Durch Messung des Luftspaltflusses ist eine Exzentrizität des Rotors messbar, da diese zu einer unsymmetrischen Verteilung des Flusses innerhalb einer Umdrehung führt. Messaufbauten, bei denen der Sensor auf dem Stator positioniert ist, wie von Park et al. [81] und Riera-Guasp et al. [84] berichtet, sind auf umlaufende Exzentrizitäten beschränkt. Durch eine Positionierung des Sensors auf dem Rotor der EM sind nicht-rotierende Exzentrizitäten messbar, wie sie eine aus dem Abtrieb des erzeugten Momentes entstehende Biegespannung in der Rotorwelle hervorruft. Auch lassen sich mit dieser Messung Lagerschäden frühzeitig erkennen, da diese im frühen Stadium bereits zu Schwankungen im Moment der EM führen [41]. Lassen Änderungen des am Stator gemessenen Luftspaltflusses auf Schäden am Rotor schließen, so ist dies auch umgekehrt mittels einer rotorseitigen Messung erzielbar.

Brüche der bei einer ASM verwendeten Spulen auf dem Rotor sind durch Messung des Widerstandes der Leiter zu detektieren, wie Lee et al. [58] berichten. Eine Messung des durch die Leiter fließenden Stroms ist eine weitere Möglichkeit der Fehlererkennung, da Schäden zu zusätzlichen Frequenzanteilen im Strom führen [36].

Als zweiten Aspekt, der mittels CM die Produkteigenschaft der EM verbessert, nennen Doolan Fernandes et al. [31] die auf der Fehlererkennung basierende Wartung der EM und deren Komponenten. Bei der Wartung von technischen Systemen sind zwei Ansätze verbreitet: die vorbeugende und die reaktive Wartung [44]. Bei der vorbeugenden Wartung werden in einem festgelegten Intervall Komponenten oder auch Baugruppen des technischen Systems gewechselt. Hierzu werden zunächst die Lebenszeiten der Komponenten berechnet, wobei sich die Berechnung auf statistische Werte stützt. Um einen Schaden zuverlässig zu vermeiden, werden die Lebenszeiten der Komponenten konservativ und mit hohem Sicherheitsfaktor ausgelegt [44]. Es entstehen verdeckte Mehrkosten, da Bauteile frühzeitig ausgetauscht werden, ohne dass sie ihre mögliche Verschleißgrenze erreicht haben. Dieser Nachteil wird bei der reaktiven Wartung umgangen, da hier die Komponenten bis zum Versagen betrieben werden. Dies führt folglich immer zu einem Stillstand des Systems und birgt zudem das Risiko von Folgeschäden an anderen Komponenten, bis hin zum Ausfall des gesamten Systems.

Mittels durch CM bereitgestellter Sensorwerte ist eine zielgerichtete Wartung erreichbar, bei der die gewonnenen Daten im Prozess des Predictive Maintenance (PdM) verarbeitet werden, woraus sich der Zustand und ein möglicher Wartungsbedarf einer Komponente ermitteln lässt [65]. PdM profitiert dabei von einer dauerhaften Überwachung des Systems [44], was im Zuge des wachsenden Angebots an Überwachungsmethodik mit kontaktloser Datenübertragung einen Aufschwung erfuhr, wie Lu et al. [62] beschreiben. Industrie 4.0 und der Einzug des Internet-of-Things (IoT) sind weitere Treiber der Möglichkeiten einer Umsetzung von PdM-Prozessen [79], [106]. Der Ansatz des datengetriebenen PdM ist nach der Literaturrecherche von Tiago et al. [106] der verbreitetste, wobei die Sensordaten um modellbasierte Daten ergänzt werden. Arbeiten, wie die von Dettinger et al. [26] und Falekas et al. [35] zeigen im Bereich der EM einen Trend der Nutzung von Digital Twins (DT) zur modellbasierten Datengewinnung. Mit diesen werden sowohl die Datenmenge für das PdM erhöht als auch risikofrei Daten für Fehlerzuständen der EM gewonnen [26], [79]. Dettinger et al. [26], Kavana [52] und Paolanti et al. [79] nutzen zudem Künstliche Intelligenz (KI) um mittels Maschinellen Lernens (ML) oder mit Hilfe eines Künstlichen Neuronalen Netzes (KNN) die so gewonnen Daten zu verarbeiten und gleichzeitig zum Erlernen der Erkennung eines Wartungsbedarfs der EM. Somit bedingt das PdM in zweifacher Hinsicht den Einsatz von Sensorik in einer EM, als direkte Datenquelle und indirekt als Grundlage der modellbasierten Datengewinnung. Hashemian et al. [44] heben zudem die Überwachung rotierender Komponenten wie dem Rotor hervor.

In diesem Abschnitt ist aufgezeigt, welches Potenzial eine rotorseitige Sensorik für eine EM besitzt. Daten, die diese Sensorik erfasst, bilden die Grundlage von neuen Funktionen oder der Verbesserung bestehender. So ist eine Überwachung der EM sowohl in der Produktion als auch im Betrieb als Traktionsmaschine möglich. Die Überwachung erstreckt sich über die Erfassung mechanischer, thermischer und elektrischer Größen der EM. So ist die EM sicher an ihrer Leistungsgrenze zu betreiben. Über den Lebenszyklus einer EM hinaus sind diese Daten in die Entwicklung der nächsten Generation zu überführen. Hier dienen sie der Verbesserung der virtuellen Entwicklungstools sowie als Lernsequenz für die KI.

Zusammengefasst ist festzuhalten, dass eine rotorseitige Sensorik einen potenziellen Beitrag zur Verbesserung der EM leistet, durch Steigerung der Effizienz, Reduktion der Kosten und Reduktion von Fehlerraten in der Herstellung als auch im Betrieb.

2.1.3 Elektrische Versorgung und Datenübertragung rotorseitiger Sensorik

Zur Verbesserung der Produkteigenschaften bieten sich Sensoren auf den Rotoren an. Deren Umsetzung ist, mit dem Rotor als rotierendes System, mit zusätzlichen Herausforderungen verbunden gegenüber einem statischen System. Diese sind vorrangig:

- elektrische Versorgung
- Datenübertragung

Mit der stetigen Entwicklung im Bereich der Embedded Systems und Funkübertragung sind kabellose Sensoren vermehrt in den Fokus gerückt [76]. Als kabellose Sensoren sind solche zu verstehen, die ihre benötigte Energie mitführen oder gewinnen sowie die Daten kontaktlos übertragen. Die Menge an mitgeführter oder gewonnener Energie steht hier in direktem Zusammenhang mit dem Gewicht des Sensorsystems, das als rotiertes System zu minimieren ist, um die Belastung durch die kinetischen Kräften zu begrenzen. Daraus ergibt sich die Notwendigkeit einer Minimierung des Energieverbrauchs aller Komponenten des Systems.

Im Bereich der Datenübertragung sind für paketorientierte Übertragung Standards speziell für solche Sensoren entwickelt worden [30]. Hier ist der Standard IEEE 802.15.4 für Wireless Personal Area Network (WPAN) zu nennen [2]. Dieser Standard definiert die ersten zwei Schichten des OSI-Modells [104] und bietet die Grundlage für energieeffiziente Protokolle wie ZigBee und 6LoWPAN.

Aus der Studie von Mahmoud et al. [63] zum Verbrauch von Modulen, die diese Protokolle verwenden, ist der Unterschied zwischen den Betriebsmodi und damit der Einfluss der Sendefrequenz zum Verbrauch des Moduls zu erkennen. So verbraucht solch ein Modul ca. $20\,mA$ in Phasen des Sendens und Empfangens von Daten. Hingegen sinkt der Verbrauch auf $< 3\,\mu A$, befindet sich das Modul im Ruhemodus. Damit ist ein direkter Zusammenhang des durchschnittlichen Verbrauchs des Moduls von der Sende- und Empfangsfrequenz zu erkennen. Der durchschnittliche Verbrauch nimmt dabei exponentiell mit linear abnehmender Frequenz ab [23]. Für ein Sensorsystem, das in dieser Arbeit als ein System bestehend aus Sensor, Mikrocontroller (μC) für die Betriebsstrategie des Sensors sowie einer kontaktlosen Datenübertragung verstanden wird, ist zudem der Haupttreiber des Verbrauchs das Modul der Sende-Empfänger-Einheit [18]. Daraus ist zu erkennen, dass die Betriebsstrategie eines Sensorsystems einen fundamentalen Einfluss auf den elektrischen Verbrauch des Sensorsystems hat.

Wie eingangs in diesem Abschnitt beschrieben, ist die elektrische Versorgung eine zentrale Herausforderung der Umsetzung von kabellosen Sensoren. Häufig wird die Umsetzung kabelloser Sensorsysteme auf Grund der Herausforderung der elektrischen Versorgung ausgeschlossen [98]. Generell stehen kabellosen Sensoren, entsprechend der Literatur, vier Kategorien der Energieversorgung zur Verfügung. Diese sind:

- Speicher (Kondensator, Batterie) [78]
- Direkte Übertragung (Schleifringe) [6]

- Kontaktlose Energieübertragung [18], [31]
- Energieautark durch Energy-Harvesting [47]

Für die Anwendung auf der Rotorwelle einer EM bietet das Energy-Harvesting Vorteile gegenüber den anderen Arten der Energieversorgung. So ist ein Nachladen eines Speichers nicht erforderlich. Die bei der direkten Übertragung der elektrischen Energie in ein rotierendes System eingesetzten Schleifringe unterliegen einer Abnutzung, womit eine regelmäßige Wartung notwendig ist [64]. Lösungen mit kontaktloser Energieübertragung setzen Induktivitäten ein, um die Energie zu übertragen. Für den hier betrachteten Einsatz in einer EM ist eine negative Beeinflussung des Magnetfeldes der EM durch diese Induktivitäten sehr wahrscheinlich. Dies ist bei Verwendung eines Energy-Harvesters nicht der Fall, weshalb sich im weiteren Verlauf der Arbeit auf diesen konzentriert wird.

2.2 Piezoelektrische Energy-Harvester

Energy-Harvesting beschreibt im Allgemeinen einen Prozess, bei dem Energie aus der Umgebung durch den Harvester gesammelt und in elektrische Energie umgewandelt wird [83]. Die Wahl der Energieform, die durch den Energy-Harvester gesammelt wird, wird durch die Analyse der Umgebung des Systems getroffen. Die entsprechende Energieform muss in der Umgebung in ausreichendem Maße zur Verfügung stehen [90]. Im Zuge der Fortschritte in der Entwicklung von Mikroelektromechanischen Systemen (MEMS) rücken Energy Harvester vermehrt in den Vordergrund als Energiequelle der MEMS [102]. Energy-Harvester bieten die Möglichkeit der Schaffung energieautarker Sensorsysteme, womit diese Herausforderung der elektrischen Versorgung von kabellosen Sensorsystemen, wie in Abschnitt 2.1.3 beschrieben, gelöst werden kann [5], [70], [90], [105]. Für die Auslegung einer Energy-Harvester-Anwendung ist das Sensorsystem ganzheitlich bezüglich seines Energieverbrauchs zu analysieren [22].

Wie in Abschnitt 2.1 aufgezeigt, bietet eine rotorseitige Sensorik Potenzial zur Verbesserung der Produkteigenschaften einer EM. Für die Versorgung dieses Sensors über einen Energy-Harvester stehen drei Energieformen zur Verfügung [19].

Diese sind:

- elektromagnetisch
- thermisch
- mechanisch/kinetisch

Aus der Analyse dieser potenziellen Energieformen, die durch einen Energy-Harvester auf der Rotorwelle einer EM gesammelt werden können, zeigte sich der PEH als zielführend [18]. PEH dienen der Wandlung sowohl kinetischer als auch mechanischer Energie, indem sie eine mechanische Belastung in eine elektrische Ladung wandeln. Der genaue Zusammenhang wird in Abschnitt 2.2.1 beschrieben. Zentraler Bestandteil des PEH ist das piezoelektrische Material. Das Interesse an PEH Anwendungen ist im Zuge der Weiterentwicklung von energiesparenden Sensoren [55] und MEMS merklich gestiegen [102], wie die Anzahl der Veröffentlichungen in diesem Bereich zeigt [87].

Abbildung 2.1 zeigt die Arten von PEH Strukturen, die sich primär durch die Art der Induzierung der mechanischen Spannung in das piezoelektrische Material unterscheiden.

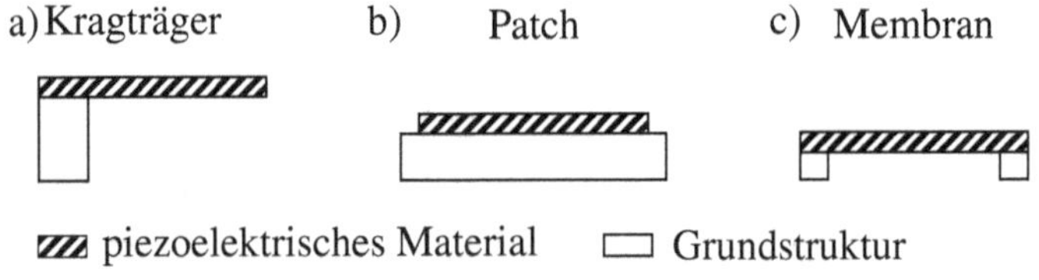

Abbildung 2.1: Arten von Strukturen eines PEH nach [83]

Die Mehrzahl der aktuellen Untersuchungen zu PEH bezieht sich auf das Vibrations-Energy-Harvesting [34], [43], [54], [87], [103]. Hierbei ist der PEH entweder als ein einseitig eingespannter Kragträger (a) oder als Membran (c) ausgeführt. Durch Anregung der Grundstruktur erfährt der PEH eine Beschleunigung und das piezoelektrische Material verformt sich. Die Verformung führt zu mechanischen Spannungen innerhalb des Materials, wodurch eine Ladung erzeugt wird. Dieser Effekt wird verstärkt, wenn am freien Ende des Kragträgers eine seismische Masse befestigt wird. Alternativ ist die mechanische Spannung direkt in den PEH zu induzieren, wenn dieser direkt auf der Oberfläche des belasteten Materials befestigt wird [70]. Dies ist nach Abbildung 2.1 die PEH-Struktur des Patch (b). Gegenüber der Lösung des Kragträgers zeichnet sich der Patch durch seine geringe Bauhöhe aus. Zudem ist keine seismische Masse zu verwenden, was für die in dieser Arbeit untersuchte Anwendung des PEH auf dem Rotor zu einer negativen Auswirkung auf diesen führen würde.

Für die Anwendung des PEH zur Versorgung eines Sensorsystems eignet sich dieser, wenn die Anregung des piezoelektrischen Materials in einem Bereich von >20 Hz liegt [83]. Die Frequenz ist ein wichtiger Parameter des PEH, da durch Aufbringung einer konstanten Belastung nur einmalig eine Ladungsmenge im PEH erzeugt wird. Somit ist für eine konstante Abgabe elektrischer Ladung eine wechselnde Belastung notwendig.

In dieser Arbeit wird der Begriff PEH definiert als System bestehend aus den in Abbildung 2.2 dargestellten Bauteilen. Da das piezoelektrische Material eine elektrische Ladung erzeugt, wird dieses piezoelektrischer Generator (PEG) genannt.

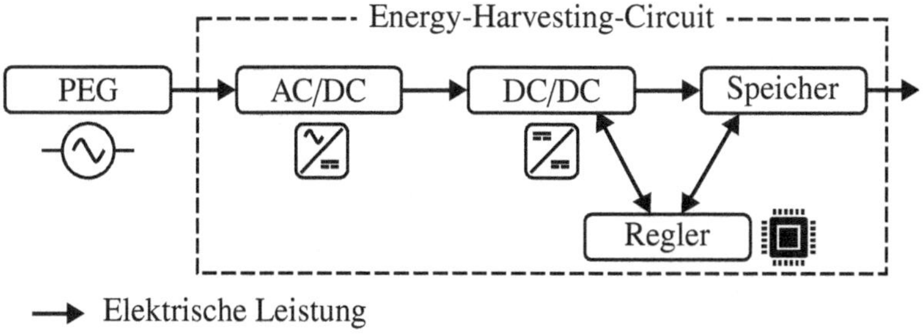

Abbildung 2.2: Aufbau und Bestandteile eines PEH nach [83], [102]

An den PEG angeschlossen ist der Energy-Harvesting-Circuit (EHC), der alle Bauteile zur Steuerung der entstandenen Ladung zusammenfasst. Auf Grund der wechselnden mechanischen Belastung am PEG erzeugt dieser eine Wechselspannung. Diese ist für das damit zu versorgende Sensorsystem über einen AC/DC-Wandler gleichzurichten und anschließend mittels DC/DC-Wandler auf die entsprechende Spannungslage zu transformieren. Durch die Schwankung in der durch den PEH gesammelten Energie ist für eine kontinuierliche Versorgung des Sensorsystems ein Speicher im PEH integriert. Speicher und DC/DC-Wandler werden durch einen Regler gesteuert.

Nach Einführung in das Themengebiet des PEH und Definition des Systems des PEH wird nachfolgend auf die Grundlagen der Piezoelektrizität eingegangen, welche die Basis der in dieser Arbeit entwickelten Methode sind.

2.2.1 Piezoelektrizität

Kernbestandteil des PEH ist der PEG, der aus einem piezoelektrischen Material besteht. Diese Materialart zeichnet sich dadurch aus, dass sie unter mechanischer Belastung eine elektrische Ladung erzeugt. Dabei wird vom *direkten piezoelektrischen Effekt* gesprochen. Dieser Effekt ist auch umkehrbar und wird *inverser piezoelektrischer Effekt* genannt. Das Phänomen der Piezoelektrizität wurde zuerst von den Brüdern Curie 1880 entdeckt und der Begriff der Piezoelektrizität durch Hankel definiert [46]. Piezoelektrizität tritt auf natürliche Weise in Quarzen auf. Für technische Anwendungen haben sich Keramiken, insbesondere Blei-Zirkonat-Titanat (PZT), weit verbreitet auf Grund ihrer piezoelektrischen Eigenschaften sowie der guten Herstellbarkeit [82]. Die Entstehung einer elektrischen Ladung infolge der mechanischen Belastung ist zurückzuführen auf die Kristallstruktur des piezoelektrischen Materials. Abbildung 2.3 zeigt solch eine Struktur am Beispiel eines Quarzes. Ist dieser nicht belastet, so gleichen sich die Ladungen der einzelnen Atome auf dem Gitter aus. Wird das Gitter durch das Aufbringen einer mechanischen Last verschoben, so verschieben sich auch die Ladungsschwerpunkte, wodurch ein Dipol entsteht. Sobald diese durch eine Elektrode verbunden sind, stellt sich eine Ladung auf der Ober- und Unterseite des Materials ein [82].

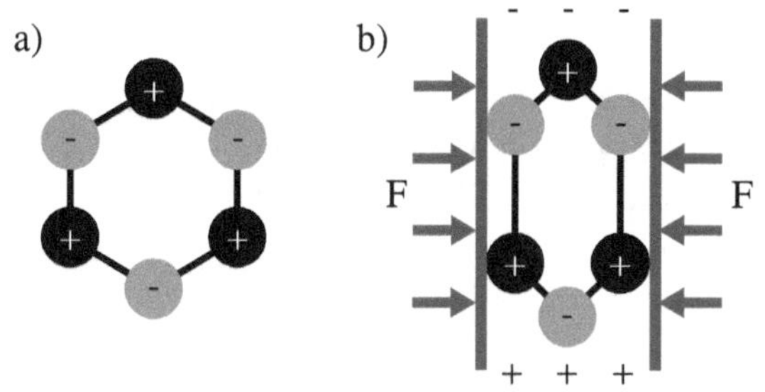

Abbildung 2.3: Piezoelektrischer Effekt an einem Quarz nach [82]

Für die mathematische Beschreibung des piezoelektrischen Effektes, als Kopplung der mechanischen und elektrischen Variablen des Piezoelements, dient die konstitutive Gleichung nach dem Institute of Electrical and Electronics Engineers (IEEE)-Standard [1]

$$\begin{aligned} T &= [c^E]S - [e]^E \\ D &= [e]S + [\epsilon^S]E \end{aligned} \qquad \text{Gl. 2.1}$$

mit der mechanischen Spannung T und der Dehnung S als mechanische Größen sowie der elektrischen Feldstärke E und der elektrischen Verschiebung D als elektrische Größen. Die Werkstoffeigenschaften des piezoelektrischen Materials sind beschrieben durch die elastische Steifigkeit c, die piezoelektrische Konstante e und die Permittivität ϵ. Die oberen Indizes in Gl. 2.1 kennzeichnen die konstant gehaltenen Größen. Neben der als e-Form bezeichneten Beschreibung des piezoelektrischen Effekts nach Gl. 2.1 ist alternativ die d-Form nach [46] und [9] definiert als

$$\begin{aligned} S &= [s^E]T + [\underline{d}]E \\ D &= [\underline{d}]T + [\epsilon^T]E \end{aligned} \qquad \text{Gl. 2.2}$$

mit der elastischen Nachgiebigkeit s sowie dem piezoelektrischem Koeffizient $\underline{d}$. Wobei die Beziehungen nach Gl. 2.3 - Gl. 2.5 zwischen den werkstoffabhängigen Werten bestehen.

$$\left[s^E\right] = \left[c^E\right]^{-1} \qquad \text{Gl. 2.3}$$

$$[e] = \left[\underline{d}\right]\left[c^E\right] \qquad \text{Gl. 2.4}$$

$$[\epsilon^S] = [\epsilon^T] - [\underline{d}]\,[e]^T \qquad \text{Gl. 2.5}$$

Mit der Einführung des Koordinatensystems (KOS) nach dem IEEE-Standard, wie in Abbildung 2.4 dargestellt, sind die Tensoren aus Gl. 2.1 in Schreibweise der Voigt-Notation als $T, S \in \mathbb{R}^6$ und $E, D \in \mathbb{R}^3$ zu betrachten [46]. Des Weiteren lassen sich anhand des KOS piezoelektrische Werkstoffe anhand ihrer Kopplungsmechanismen unterteilen.

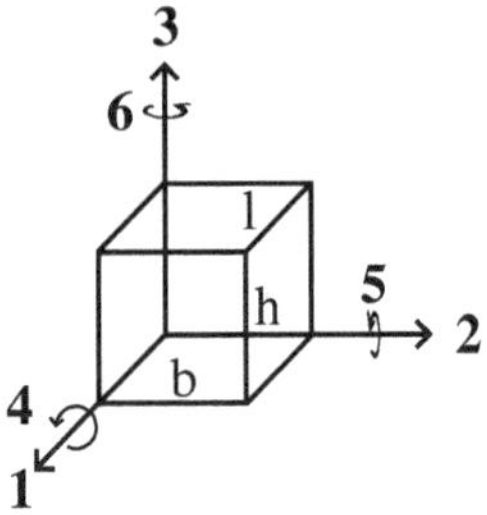

Abbildung 2.4: Koordinatensystem des IEEE-Standards für Piezoelemente nach [1]

Die piezoelektrischen Konstanten $\underline{d}$ & e beschreiben drei Hauptmechanismen und lassen sich nach [8] in die Modi

- $\underline{d}_{31}$-Modus
- $\underline{d}_{33}$-Modus
- $\underline{d}_{15}$-Modus

unterteilen, unter der Bedingung, dass die Polarisation entlang der 3-Achse des KOS besteht [82]. Die Mechanismen unterscheiden sich anhand der Belastungsrichtung und der Richtung des sich daraus einstellenden elektrischen Feldes. So beschreibt der $\underline{d}_{31}$-Effekt den Mechanismus, bei dem die Belastung in Richtung der 1-Achse wirkt und das elektrische Feld in der 3-Achse entsteht. Analoges gilt für den $\underline{d}_{33}$-Modus und $\underline{d}_{15}$-Modus. Die Wirkrichtungen von mechanischer Belastung und elektrischem Feld folgen der in Abbildung 2.4 gezeigten Notation des KOS.

2.2.2 Piezoelektrischer Rückkopplungseffekt

Die Piezoelektrizität ist ein Kopplungseffekt, bestehend aus mechanischer und elektrischer Domäne. Wie in Abschnitt 2.2.1 beschrieben wird bei dem direkten piezoelektrischen Effekt durch eine Belastung des Materials mit einer mechanischen Spannung eine elektrische Ladung im Material erzeugt. Der Zusammenhang ist nach Gl. 2.1 definiert. Wie Gl. 2.1 jedoch auch zeigt, führt ein elektrisches Feld, wie es durch die erzeugte Ladung hervorgerufen wird, zu einer mechanischen Spannung im Material. Die Piezoelektrizität weist folglich auch eine Rückkopplung der elektrischen Domäne in die mechanische auf. Wird ein PEH betrachtet, so gewinnt der Rückkopplungseffekt gegenüber der reinen Betrachtung eines Piezos an Bedeutung, da durch die elektrischen Verbraucher, die am PEG angeschlossen sind, die Ladung und damit das elektrische Feld beeinflusst wird, was folglich auch Einfluss auf die mechanische Domäne hat. Wird die Rückkopplung nicht korrekt berücksichtigt, so führt dies zu falschen Ergebnissen bezogen auf das mechanische Verhalten des Systems sowie die erzeugte Ausgangsleistung des PEH [33].

2.2.3 Macro Fiber Composite

Keramiken, wie PZT, die als piezoelektrisches Material in vielen Bereichen Anwendung finden, weisen eine hohe Steifigkeit auf. Diese erschwert eine Platzierung der Keramik auf einer unebenen Fläche. Um dieses Problem zu lösen, wurde 1996 von der National Aeronautics and Space Administration (NASA) der Macro-Fiber-Composite (MFC) entwickelt [89].

Der MFC besteht aus rechteckigen PZT-Fasern mit einem Volumenanteil des MFC von $\approx$ 86 % [24], welche in Epoxidharz eingebettet sind und durch Kupferelektroden miteinander verbunden sind. Durch die Einbettung in das Epoxidharz ist der MFC flexibel und lässt sich auf gekrümmten Oberflächen applizieren. Daher eignet sich der MFC für die Anwendung des PEH auf der Rotorwellenoberfläche und wird in dieser Arbeit als PEG verwendet. Seit 2002 wird der MFC kommerziell durch die Firma *Smart Material* vertrieben in der Ausführung als rechteckiges Patch. Für die Anwendung als PEH wurde der MFC Typ P2 entwickelt, welcher dem $\underline{d}_{31}$-Modus zuzuordnen ist, mit einer

Polarisation entlang der 3-Achse, bei dem die Elektroden die Ober- und Unterseite des MFC bedecken. Tabelle 2.1 zeigt die im Datenblatt des Herstellers bereitgestellten technischen Daten des in dieser Arbeit verwendeten MFC.

Tabelle 2.1: Technische Daten des MFC [89]

Beschreibung	**Variable**	**Größe**	**Einheit**
Dichte	ρ	5,44	g/cm^3
Piezoelektrischer Koeffizient	$\underline{d}_{33}$	400	pC/N
Piezoelektrischer Koeffizient	$\underline{d}_{31}$	-170	pC/N
Poissonzahl	υ_{12}	0,31	-
Poissonzahl	υ_{21}	0,16	-
Poissonzahl	υ_{23}	0,44	-
Elastizitätsmodul	$E_{m,1}$	30,34	GPa
Elastizitätsmodul	$E_{m,2}$	15,86	GPa
Schubmodul	G_{12}	5,52	GPa

Für die Berechnung der piezoelektrischen Gleichung nach Gl. 2.1 sind nicht alle Variablen der Gleichung durch die technischen Daten des Herstellers nach Tabelle 2.1 gegeben. Durch Vereinfachungen und Annahmen, die nachfolgend beschrieben und hergeleitet werden, sind die fehlenden Variablen zu bestimmen. Zunächst sind die Tensoren E und T der Gl. 2.1 zu vereinfachen. Für den MFC mit einer Polarisation entlang der 3-Achse gilt $E_1 = E_2 = 0$. Zudem gilt für die mechanische Belastung des MFC als dünnschichtige Struktur $T_2 = T_3 = T_4 = T_5 = T_6 = 0$ [34].

Da es sich bei dem MFC um einen Verbundwerkstoff handelt, sind für eine Vereinfachung der Berechnung die Verbundmaterialien zu einem homogenen Material mit den Materialeigenschaften der Matrizen $\left[s^E\right], \left[\underline{d}\right]$, und $\left[\epsilon^T\right]$ zusammenzufassen. Für MFC haben Deraemaeker [25] & Yang [57] diese Homogenisierung zu einem orthotropen Material auf Basis von Finite-Elemente (FE)-Berechnungen durchgeführt und die Ergebnisse durch Messungen validiert.

Für die Matrix der elastischen Nachgiebigkeit $\left[s^E\right]$ sind die homogenisierten Eigenschaften des MFC demnach:

$$\left[s^E\right] = \left[c^E\right]^{-1} \begin{bmatrix} \frac{1}{E_{m,1}} & -\frac{\nu_{21}}{E_{m,2}} & -\frac{\nu_{21}}{E_{m,2}} & 0 & 0 & 0 \\ -\frac{\nu_{12}}{E_{m,1}} & \frac{1}{E_{m,2}} & -\frac{\nu_{32}}{E_{m,2}} & 0 & 0 & 0 \\ -\frac{\nu_{12}}{E_{m,1}} & -\frac{\nu_{32}}{E_{m,2}} & \frac{1}{E_{m,2}} & 0 & 0 & 0 \\ 0 & 0 & 0 & \frac{E_{m,2}}{2+(1+\nu_{23})} & 0 & 0 \\ 0 & 0 & 0 & 0 & \frac{1}{G_{12}} & 0 \\ 0 & 0 & 0 & 0 & 0 & \frac{1}{G_{12}} \end{bmatrix} \qquad \text{Gl. 2.6}$$

Für die piezoelektrischen Konstanten der $\left[\underline{d}\right]$ Matrix gilt $\underline{d}_{32} = \underline{d}_{31}$ [25] und somit:

$$[d] = \begin{bmatrix} 0 & 0 & 0 & 0 & 0 & 0 \\ 0 & 0 & 0 & 0 & 0 & 0 \\ \underline{d}_{31} & \underline{d}_{31} & \underline{d}_{33} & 0 & 0 & 0 \end{bmatrix} \qquad \text{Gl. 2.7}$$

Da sich das elektrische Feld nur in der 3-Achse einstellt, ist die Matrix der Permittivität $[\epsilon]$ auf einen Wert reduziert.

$$\left[\epsilon^T\right] = \epsilon_{33} \qquad \text{Gl. 2.8}$$

Damit sind alle Materialeigenschaften, die für das Lösen der piezoelektrischen Gleichung nach Gl. 2.1 notwendig sind, definiert.

2.2.4 Berechnung piezoelektrischer Materialien

Nach Definition des Materials, das im Rahmen dieser Arbeit als PEG betrachtet wird, und Herleitung aller für die Lösung der piezoelektrischen Gleichung notwendigen Materialkennwerte, werden im Folgenden die Ansätze präsentiert, mit denen die piezoelektrische Gleichung zu lösen ist.

Für die Modellierung eines PEH ist besonders darauf zu achten, dass die Kopplung der mechanischen mit der elektrischen Domäne erfolgt. Wie Erturk et. al [33] in einer Untersuchung erörtern, ist insbesondere die Rückkopplung der elektrischen Domäne in die mechanische zu beachten. Eine Beschreibung des PEH als Single Degree of Freedom (SDOF)-System, wie es für die elektromagnetische Energy-Harvester von Williams und Yates entwickelt wurde

[100], ist nicht hinreichend, da diese die Rückkopplung nicht abbildet, was zu einer inkorrekten Berechnung der Leistung des PEH führt. Diese Art der Modellierung ist jedoch weit verbreitet.

Für die Berechnung der Ausgangsleistung eines PEH ist zunächst die am MFC entstehende, durch die mechanische Spannung hervorgerufene Spannung V_{MFC} zu bestimmen. Die dafür verwendeten Ansätze sind nachfolgend beschrieben.

Ansatz der analytische Berechnung

Die Modellierung des Systems mittels analytischer Funktionen ist ein Verfahren, welches den Anforderungen an die korrekte Kopplung der mechanischen mit der elektrischen Domäne entspricht. Mit einer Polarisation des MFC entlang der 3-Achse und der Betrachtung eines MFC Typ P2 mit $\underline{d}_{31}$-Modus, der nur in 1-Richtung belastet wird, folgt für die konstitutive Gleichung in der d-Form nach Gl. 2.2:

$$D_3 = \underline{d}_{31} T_1 + \epsilon_{33}^T E_3 \qquad \text{Gl. 2.9}$$

Für das elektrische Feld E_3 gilt mit der elektrischen Spannung des MFC V_{MFC} und der Höhe h_{MFC} des MFC-Patch:

$$E_3 = V_{MFC} / h_{MFC}, \qquad \text{Gl. 2.10}$$

sowie für die dielektrische Verschiebung D_3 unter Verwendung der Ladung Q und der Oberfläche A_{MFC} des Patch:

$$D_3 = Q / A_{MFC} \qquad \text{Gl. 2.11}$$

Aus Gl. 2.10 und Gl. 2.11 eingesetzt in Gl. 2.9, differenziert nach der Zeit und unter Verwendung des Zusammenhanges $dQ/dt = I$, folgt:

$$I = \underline{d}_{31} A_{MFC} \frac{dT_1}{dt} - \frac{\epsilon_{33}^T A_{MFC}}{h_{MFC}} \frac{dV_{MFC}}{dt} \qquad \text{Gl. 2.12}$$

Daraus ergibt sich, durch Einführung des Lastwiderstandes R_L die sich am MFC einstellende Spannung V_{MFC}:

$$V_{MFC} = b \frac{dT_1}{dt} - a \frac{dV_{MFC}}{dt} \qquad \text{Gl. 2.13}$$

mit den Zusammenfassungen:

$$a = \frac{\epsilon_{33}^{T} A_{MFC} R_L}{h_{MFC}} \; ; b = \underline{d}_{31} A_{MFC} R_L \qquad \text{Gl. 2.14}$$

Für die Aufstellung der Zustandsraumdarstellung, die die analytische Funktion abbildet, ist zunächst die Zustandsvariable zu definieren: [45]

$$\frac{dx_1}{dt} = -\frac{1}{a} V_{MFC} \qquad \text{Gl. 2.15}$$

Wird diese in Gl. 2.13 eingesetzt, folgt:

$$\frac{dV_{MFC}}{dt} = \frac{b}{a}\frac{dT_1}{dt} + \frac{dx_1}{dt} \qquad \text{Gl. 2.16}$$

Gl. 2.16 ist zu integrieren:

$$V_{MFC} = \frac{b}{a} T_1 + x_1 \qquad \text{Gl. 2.17}$$

Aus Gl. 2.16 und Gl. 2.17 ist die Zustandsraumdarstellung gegeben, durch:

$$\begin{aligned} \frac{dx_1}{dt} &= -\frac{1}{a} x_1 - \frac{b}{a^2} T_1 \\ V_{MFC} &= x_1 + \frac{b}{a} T_1 \end{aligned} \qquad \text{Gl. 2.18}$$

Die Zustandsraumdarstellung berechnet unter Vorgabe einer mechanischen Spannung T_1 die am MFC entstehende Spannung V_{MFC}, wie Abbildung 2.5 veranschaulicht.

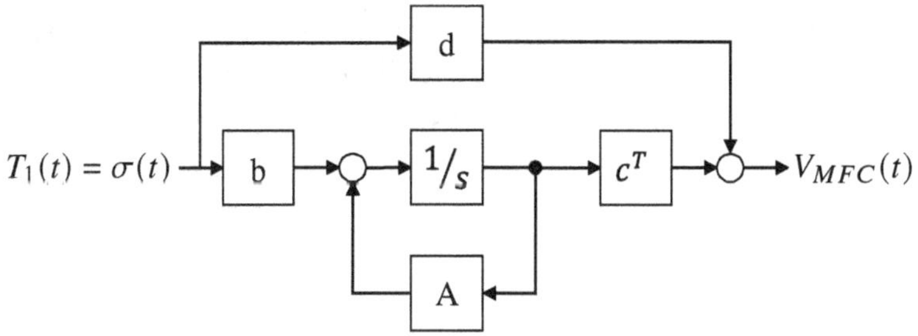

Abbildung 2.5: Blockschaltbild des analytisches Modells des MFC

T_1 ist für die analytischen Funktionen in Form einer harmonischen Anregung zu beschreiben. Hieraus ergibt sich der Nachteil der analytischen Beschreibung des Systems. Anregungen, die nicht durch eine periodische dargestellt werden können, sind nicht abbildbar. Für solche Anregungen ist die Modellierung mittels der Finite-Element-Methode (FEM) zu verwenden. Zudem ist die elektrische Last, die durch die analytische Funktion abgebildet werden kann, auf lineare Bauteile beschränkt.

Ansatz der FEM-Modellierung

In der Analyse von mechanischen Systemen ist die Modellierung mittels FEM verbreitet. In der FEM wird das zu untersuchende System als dreidimensionales Modell erstellt und in finite Elemente, dem Mesh, unterteilt. Die FEM-Modellierung ermöglicht die statische, harmonische und modale Analyse des Systems.

Die piezoelektrische Gleichung nach Gl. 2.1 ist in den gängigen FE-Anwendungen bereits implementiert [32]. Zu definieren sind die Materialeigenschaften in Form der Matrizen $\left[s^E\right]$,$\left[\underline{d}\right]$, und $\left[\epsilon^T\right]$. Für die Modellierung eines MFC sind die homogenisierten Materialdaten nach Abschnitt 2.2.3 zu verwenden. Dadurch wird sowohl der Modellierungs- als auch Rechenaufwand reduziert.

Wie die analytischen Funktionen ist auch die FEM auf lineare elektrische Bauteile beschränkt. Jedoch haben Elvin et al. [32] & Gedeon et al. [39] einen Ansatz entwickelt, bei dem sie die FE-Software an eine Systemsimulation eines elektrischen Netzwerkes koppeln. In der Systemsimulation sind auch nichtlineare elektrische Bauteile abbildbar. Dies ist für die gesamtheitliche Betrachtung des PEH notwendig. Die am PEG entstehende Wechselspannung, infolge der wechselnden mechanischen Belastung nach Abschnitt 2.4, ist für die durch den PEH versorgte Anwendung gleichzurichten. Für die Gleichrichtung sind elektrische Bauteile mit nichtlinearem Verhalten wie Dioden einzusetzen.

2.3 Auslegungsprozess elektrischer Maschinen in Fahrzeugen

Für die Auslegung eines PEH, der auf der Rotorwelle einer EM positioniert wird, ergeben sich anwendungsspezifische Randbedingungen. Mit dem PEH als Bestandteil der EM ist hierfür zunächst der Auslegungsprozess der EM zu betrachten. Dabei sind nur solche EM in dieser Arbeit zu betrachten, die als Traktionsmaschinen in Pkws eingesetzt werden.

In der Entwicklung von Fahrzeugen ist das V-Modell eine Entwicklungsmethodik, die überwiegend Anwendung findet. Das V-Modell ist allgemein in der VDI Richtlinie 2206 beschrieben für die Entwicklung mechatronischer Systeme, zu denen auch ein moderner Pkw zählt [96].

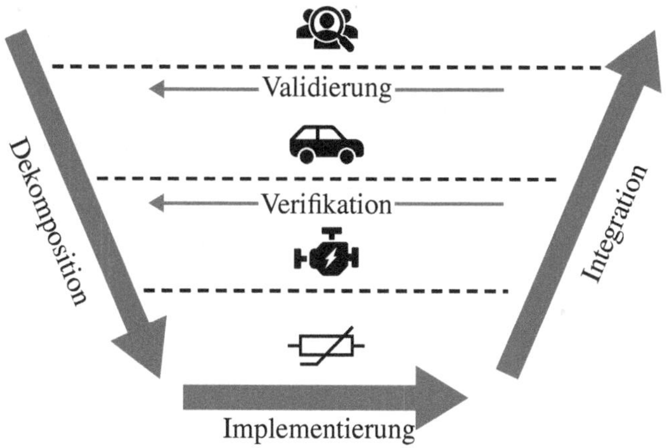

Abbildung 2.6: Entwicklungsmethodik des V-Model nach [96], [21]

Das V-Modell ist in drei Bereiche zu unterteilen, entlang derer der Entwicklungprozess abläuft. Gestartet wird oben links im V-Modell, wo zunächst auf Grundlage eines Geschäftsmodells das Gesamtsystem definiert ist, in Form von Anforderungen, die das Gesamtsystem erfüllen muss. Es folgt der Schritt der Dekomposition, in der aus den Anforderungen Funktionen abgeleitet werden. Die Funktionen dienen der Realisierung der Anforderungen. Mit der Ableitung der Funktionen wird das Gesamtsystem in Subsysteme unterteilt und die Funktionen werden den Subsystemen zugeordnet. Ein Schritt der Dekomposition ist mit der Definition der Anforderungen an das Subsystem zur Erfüllung der Funktionen abgeschlossen und wird bis auf die Komponentenebene fortgeführt [13]. Ist die Dekomposition vollständig durchlaufen, erfolgt die Implementierung durch Auslegung der spezifizierten Komponenten und die Integration. Die Integration läuft in entgegengesetzter Richtung zur Dekomposition und endet auf der Ebene des Gesamtsystems. In der Integration enthalten sind die Verifikation und Validierung des Gesamtsystems. Die Verifikation prüft, ob die Anforderungen aus der Dekomposition erfüllt sind. Die Validierung dient dem Abgleich des entwickelten Gesamtsystems mit den Spezifikationen.

Die EM ist ein Subsystem des Antriebsstrangs, womit der Ausgangspunkt des Entwicklungsprozesses einer EM die Spezifikation der Anforderungen an den Antriebsstrang ist [59]. Hier ist das Lastprofil zu nennen, auf dessen Grundlage Anforderungen der EM bezüglich Zieldrehmoment und Zielleistung abgeleitet werden [14]. Dazu gehört auch die Definition von sensorgestützten Funktionen nach Abschnitt 2.1, wie Condition Monitoring um die Zielwerte zu erreichen und abzusichern. Mit den Anforderungen an die EM startet die Auslegung dieser, welche in folgender Reihenfolge durchlaufen wird: [21]

- konstruktive Dimensionierung
- elektromagnetische Auslegung
- thermische Auslegung
- mechanische Auslegung

Im Schritt der Dimensionierung werden auf Grundlage des Zieldrehmomentes die Abmessungen des an der Erzeugung des Drehmomentes beteiligten Rotorbereichs festgelegt. Dieser Bereich wird auch aktiver Bereich des Rotors genannt. Dies geschieht auf der Grundlage der Entwurfsgleichung elektrischer Maschinen [73] und wird auch als Torque per Rotorvolume (TRV) bezeichnet [37]. Anschließend durchläuft die Auslegung die Schritte sowohl der elektromagnetischen Auslegung als auch der thermischen Auslegung und schließt mit der mechanischen Auslegung ab. Zu der mechanischen Auslegung zählt auch die der Rotorwelle.

Demnach ist, wenn dieser Auslegungsprozess verfolgt wird, die Auslegung eines PEH erst nach Abschluss der mechanischen Auslegung möglich. Anforderungen an die EM, die sich aus der Auslegung des PEH ergeben, können so nicht berücksichtigt werden. Funktionen aus der Dekomposition, die auf PEH versorgte Sensoren aufbauen, sollten jedoch Anforderungen an die Auslegung der EM stellen, um deren Realisierung zu gewährleisten. So wird ein Austausch zwischen den Auslegungen ermöglicht. Hierauf bezieht sich die eingangs der Arbeit gestellte Forschungsfrage, deren Beantwortung in den folgenden Kapiteln erfolgt. Daten, die einer PEH-Auslegung nach der Dimensionierung der EM zur Verfügung stehen, sind:

- Zieldrehmoment M_{soll}
- maximale Drehzahl der EM n_{max}
- Länge des aktiven Bereiches des Rotors l_{aktiv}
- Durchmesser des aktiven Bereiches des Rotors $d_{A,aktiv}$
- Innendurchmesser des aktiven Bereiches des Rotors $d_{a,aktiv}$

Diese bilden die Eingangsdaten für die im Kapitel 3 vorgestellte Methode zur Auslegung eines PEH.

2.3.1 Aufbau eines Rotors

Der Rotor einer EM, wie er in dieser Arbeit definiert ist, ist schematisch in Abbildung 2.7 dargestellt in der zx-Ebene. Die x-Achse ist entlang der Rotationsachse des Rotors definiert. Der Rotor ist unterteilt in den aktiven Bereich und die Rotorwelle. Der aktive Bereich dient der Wandlung der elektrischen Energie in kinetische, wobei ein Drehmoment erzeugt wird. Die Rotorwelle dient der Übertragung dieses Moments. Wie in Abbildung 2.7 gezeigt wird der Rotor im Bereich der Lager vereinfacht. So ist die Breite der Lager nicht berücksichtigt. Der Rotor wird für diese Arbeit in die vier Bereiche *pin*, *li*, *aktiv* und *re* unterteilt. Die Unterteilung wird bei der Nomenklatur der Variablen des Rotors verwendet.

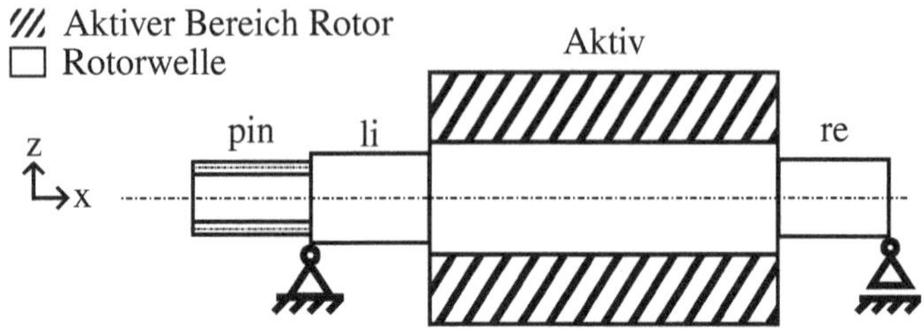

Abbildung 2.7: Schematische Darstellung eines Rotors

2.4 Analyse der elektrischen Maschine hinsichtlich Energiequelle für einen piezoelektrischen Energy-Harvester

Nachdem in der Analyse der EM hinsichtlich potenzieller Energieformen für einen auf der Rotorwelle einer EM positionierten Energy-Harvesters in Abschnitts 2.2 der PEH als zielführend definiert wurde, ist die EM hinsichtlich der Energiequelle für jenen PEH zu analysieren. Für die Analyse der EM hinsichtlich Energiequellen für einen PEH sind zuvor einige Randbedingungen zu definieren. So werden als PEG MFC-Patchs als piezoelektrisches Material eingesetzt. Diese Patchs sind direkt, außerhalb des aktiven Bereichs des Rotors, auf der Oberfläche der Rotorwelle positioniert. Somit werden die Patchs durch die an der Oberfläche des Rotors wirkenden mechanischen Spannungen belastet.

Die nachfolgende Analyse beleuchtet die Mechanismen zur Entstehung der mechanischen Spannungen im Rotor, sowie die sich daraus potenziell ergebenden Belastungen für den PEG.

2.4.1 Biegespannung durch Abtrieb

Die EM als Wandler elektrischer in mechanische Energie erzeugt durch die elektrische Wechselwirkung von Stator und Rotor ein Drehmoment M_{EM}. Dieses wird über die Rotorwelle geleitet und durch einen Abtrieb an den Antriebsstrang weitergeleitet. Wird der Abtrieb über ein Ritzel am Wellenende realisiert, entsteht aus der Normalkraft am Eingriffspunkt von Ritzel und Zahnrad an der Zahnflanke durch den Profilwinkel des Zahnes eine Radialkraft am Zahn [29]. In Abhängigkeit des Winkels der Zahnflanke φ_{Ritzel} und des Abstands des Eingriffspunktes von der Wellenmitte r_{Ab}, folgt für die Radialkraft:

$$F_{rad} = \tan\left(\frac{\varphi_{Ritzel}\pi}{180}\right) \times \frac{M_{EM}}{r_{Ab}} \qquad \text{Gl. 2.19}$$

F_{rad} ist dabei linear von M_{EM} abhängig und erzeugt ein Biegemoment $M_{b,F_{rad}}$ entlang der Rotorwelle. Im rotierenden KOS der Welle ist die Folge des Biegemoments eine wechselnde Zug/Druck-Spannung $\sigma_{b,F_{rad}}$ auf der Oberfläche der Welle [77]. Diese wird in den PEG übertragen und ist in Abschnitt 2.4.3 genauer beschrieben. $\sigma_{b,F_{rad}}$ tritt als Sinusschwingung mit der Frequenz der EM-Drehzahl $f_{F_{rad}} = n_{EM}/60\,Hz$ am PEG auf. Dies ermöglicht eine durchgehende Ladungserzeugung im PEG, sofern die EM ein Drehmoment erzeugt und $n_{EM} \neq 0$ ist.

2.4.2 Biegespannung durch Unwucht

Rotiert ein Körper um eine Achse, so erfährt jeder Punkt in diesem Körper eine nach außen gerichtete Radialkraft, die Zentrifugalkraft. Für rotationssymmetrische Körper mit einer rotationssymmetrischen Massenverteilung, bei denen der Schwerpunkt in der Rotationsachse liegt, heben sich diese Radialkräfte gegenseitig auf. Eine Rotorwelle ist solch ein Körper. Jedoch kommt es in Folge von Inhomogenitäten des Materials sowie von Fertigungstoleranzen zu einer ungleichen Massenverteilung und damit zu einer Verschiebung des Schwerpunktes weg von der Rotationsachse [12]. Diese Verschiebung, auch als Exzentrizität bezeichnet, führt zu einer ungleichen Verteilung der Zentrifugalkräfte, wodurch der Rotor eine Biegung erfährt. Dies wird auch als Unwucht bezeichnet. Die Unwucht ist nach [12] definiert als das Produkt einer Punktmasse m_U mit einem Abstand r_U zur Rotationsachse,

$$U = m_U \times r_U \text{ in } [gmm] \qquad \text{Gl. 2.20}$$

wobei eine Welle eine Vielzahl an Unwuchten aufweisen kann. Die Kombination aller auftretenden Unwuchten einer Welle wird als Unwuchtzustand beschrieben. Da die Unwuchten einer Welle die Welle selbst mechanisch belasten, ist eine zulässige Unwucht zu definieren, mit der die Welle betrieben werden kann ohne einen Schaden zu erzeugen. Für die Festlegung der zulässigen Unwucht sowie des Verfahrens des Auswuchtens zur Einhaltung der zulässigen Unwucht ist die DIN ISO 21940 verfasst worden [28]. Die DIN ISO 21940 definiert die zulässige Unwucht eines Rotors als:

$$U_{zul} = \frac{G \times m_{Rotor}}{\omega_{max,EM}} \text{ in } [gmm] \qquad \text{Gl. 2.21}$$

welche proportional zur Rotormasse m_{Rotor} und antiproportional zur Drehzahl der EM n_{EM} ist. Die Gütestufe G dient zur Klassifizierung der Maschinentypen und ermöglicht das Erreichen einer erforderlichen Auswuchtgüte. Zur Verbindung eines vorliegenden Unwuchtzustandes einer Welle, bestehend aus einer Vielzahl von einzelnen Unwuchten und U_{zul}, wird der Rotor, wie in Abbildung 2.8 dargestellt, in K_{Un} Abschnitte längs der Achse unterteilt.

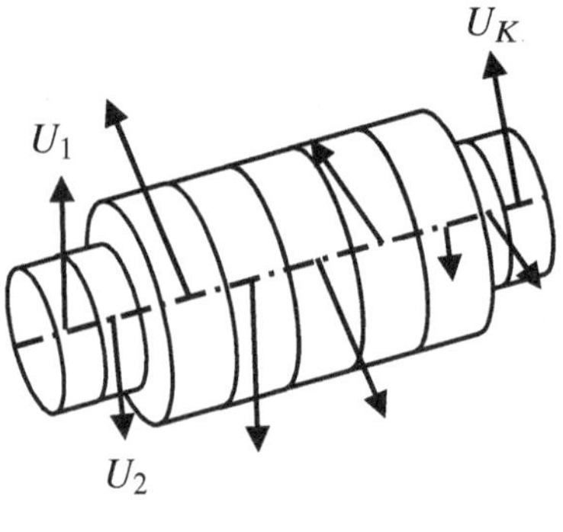

Abbildung 2.8: Resultierende Unwucht von Wellen nach [86]

Jeder Abschnitt weist eine Unwucht auf, die unabhängig von den anderen Unwuchten in Größe und Wirkrichtung im Raum ist. Da der reale Unwuchtzustand einer Welle nicht zu bestimmen ist, wird immer deren Auswirkung betrachtet [86]. Dazu werden die Unwuchten der Abschnitte durch vektorielle Addition zu einer resultierenden Unwucht U_r zusammengefasst:

$$\vec{U}_r = \sum_{k=1}^{K_{Un}} \vec{U}_k \qquad \text{Gl. 2.22}$$

Da die Unwuchten sich jedoch entlang der Achse der Welle befinden, übt jede, bezogen auf eine Referenzebene R, ein Moment aus. Dieser Zusammenhang wird in Abbildung 2.9 gezeigt. Dieses Moment wird als Momentenunwucht bezeichnet.

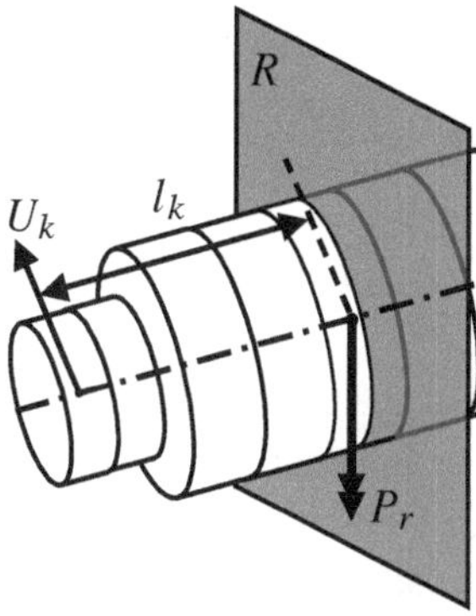

Abbildung 2.9: Momentenunwucht von Wellen nach [86]

Deren Wirkung ist im Gesamten zu betrachten und wird daher zu einer resultierenden Momentenunwucht zusammengefasst:

$$\vec{P}_r = \sum_{k=1}^{K_{Un}} \vec{U}_k \times \vec{l}_k, \qquad \text{Gl. 2.23}$$

Die durch die DIN ISO 21940 definierte zulässige Unwucht muss folglich beide Effekte berücksichtigen. Daher wird U_{zul} nach Gl. 2.24 aufgeteilt:

$$\vec{U}_{zul} = \sqrt{\vec{U}_r^2 + \left(\frac{\vec{P}_r}{L}\right)^2} \qquad \text{Gl. 2.24}$$

mit der Länge des Rotors L. Je nach Anwendung ist eine Gewichtung von U_r und P_r vorzunehmen.

Jede einzelne Unwucht U_k führt zu einer Unwuchtkraft in Abhängigkeit der Drehzahl n_{EM} der EM:

$$F_{U,k} = \left(\frac{n_{EM} \times \pi}{30}\right)^2 \times U_k. \qquad \text{Gl. 2.25}$$

Aus den einzelnen Kräften $F_{U,k}$ entlang des Rotors ergibt sich, wie auch zuvor bei F_{rad}, ein Biegemoment entlang des Rotors. Dieses Moment $M_{b,Un}$ und die dadurch entstehende Zug/Druck-Spannung $\sigma_{b,Un}$ ist jedoch im rotierenden KOS konstant, da die Unwuchten mit der Welle rotieren. Folglich wird im PEG nur bei Änderung von n_{EM} eine Ladung erzeugt. Da jeder Rotor eine Unwucht aufweist und entsprechend bei Rotation des Rotors eine Biegung hervorruft, ist diese eine mögliche Energiequelle für den PEH.

2.4.3 Biegespannung bei Verbundquerschnitten

Mit $\sigma_{b,F_{rad}}$ & $\sigma_{b,Un}$, sind die auf die Rotorwelle wirkenden Biegespannungen definiert, jedoch kann diese Spannung nicht mit der am PEG wirkenden gleichgesetzt werden. Um diese Spannung zu berechnen, sind Welle und PEG als Verbundquerschnitt zu betrachten. Eine Bedingung für die Berechnung als Verbundquerschnitt ist die feste Verbindung der einzelnen Elemente. Dann folgt, dass alle Elemente des Verbunds die gleiche Längenänderung erfahren. Daraus ist, auf Grundlage der Balkentheorie [77], die Spannung für eine Belastung M_b, an einem beliebigen Punkt des Verbundes zu berechnen mit: [101]

$$\sigma(x,y,z) = M_b(x)\frac{(z-z_0)E_m(y,z)}{\sum_{i=1}^{N_{ver}}\left(E_{m,i}I_{y,i}\right) - z_0\sum_{i=1}^{N_{ver}}\left(E_{m,i}z_{s,i}A_i\right)} \qquad \text{Gl. 2.26}$$

wobei $N_{ver} = 2$ zu setzen ist für den betrachteten Verbund aus Rotorwelle und MFC. Weiter ist $E_{m,i}$ das jeweilige E-Modul der Materialien mit dem entsprechenden Flächenträgheitsmoment $I_{y,i}$, der Querschnittsfläche A_i, dem Flächenschwerpunkt $z_{s,i}$ sowie die neutrale Faser z_0.

Die neutrale Faser ist definiert als:

$$z_0 = \frac{\sum_{i=1}^{N_{ver}} E_{m,i}z_{s,i}A_i}{\sum_{i=1}^{N_{ver}} E_{m,i}A_i}. \qquad \text{Gl. 2.27}$$

Aufgrund der Geometrie des Verbundquerschnittes bestehend aus Rotorwelle und MFC als rotationssymmetrischer Körper in Form eines Kreisquerschnittes bzw. Ringquerschnittes, bei dem der Flächenschwerpunkt im Kreismittelpunkt liegt, ist die neutrale Faser ebenfalls im Kreismittelpunkt, womit $z_0 = 0$ gilt. Damit vereinfacht sich Gl. 2.26 zu:

$$\sigma(x, y, z) = M_b(x) \frac{z \times E_m(y, z)}{\sum_{i=1}^{N_{ver}} E_{m,i} I_{y,i}} \qquad \text{Gl. 2.28}$$

mit der axialen Flächenträgheit für Ringquerschnitte:

$$I_{y,i} = \frac{\pi}{32} \frac{\left(d_A^4 - d_i^4\right)}{d_A} \qquad \text{Gl. 2.29}$$

wobei d_A der Außendurchmesser und d_i der Innendurchmesser des Querschnittes ist. Ist die Rotorwelle als Vollwelle ausgelegt, so ist $d_i = 0$. Durch die Betrachtung des Rotors in der z-x Ebene ist $y = 0$ zu setzen. z wird in der Mitte des MFC-Patch angesetzt und ist damit in Abhängigkeit des Außendurchmessers der Rotorwelle $d_{A,Welle}$:

$$z = \frac{d_{A,Welle} + h_{MFC}}{2} \qquad \text{Gl. 2.30}$$

Wird Gl. 2.30 in Gl. 2.28 eingesetzt, mit der Zusammenfassung:

$$EI = \frac{z \times E_{MFC}}{\frac{\pi}{32}\left(E_{Welle} \frac{d_{A,Welle}^4 - d_{i,Welle}^4}{d_{A,Welle}} + E_{MFC} \frac{(d_{A,Welle} + h_{MFC})^4 - d_{A,Welle}^4}{d_{A,Welle} + h_{MFC}}\right)} \qquad \text{Gl. 2.31}$$

folgt für die am PEG wirkende Biegespannung:

$$\sigma_{b,PEG}(x) = M_b(x) \times EI \qquad \text{Gl. 2.32}$$

2.4.4 Torsionsspannung aus Drehmomentübertragung

Das Drehmoment der EM, das im Rotor erzeugt und durch die Rotorwelle an den Antriebsstrang übertragen wird, führt zu Spannungen infolge der durch das übertragene Drehmoment erzeugten Torsion der Welle. Die Welle wird durch eine Schubspannung τ belastet, welche am Rand des Querschnittes tangential verläuft und dort maximal ist [42]. Somit ist die maximale Schubspannung

τ_{max} in Folge der Übertragung von M_{EM} und in Abhängigkeit des Torsionswiderstandsmoment W_t:

$$\tau_{max} = \frac{M_{EM}}{W_t}. \qquad \text{Gl. 2.33}$$

Als Belastung für den PEG ist τ_{max} gleich einer Normalspannung, die 45° versetzt zur Wellenachse an der Oberfläche der Welle auftritt, anzusehen [53]. Die Normalspannung $\sigma_{t,M}$ wirkt dabei als Zug/Druck-Belastung am PEG je nach Betrieb der EM im 1. oder 4. Quadranten [38]. Ein Betrieb der EM im 2. und 3. Quadranten wird im Rahmen dieser Arbeit nicht betrachtet. Die für den PEG notwendige wechselnde Belastung tritt somit nur bei Änderung von M_{EM} auf und folglich mit einer niedrigen Frequenz.

2.4.5 Torsionsspannung aus Drehfeldstellung

Die in Pkw als Traktionsmaschine weit verbreiteten PSM und ASM als Drehstrommaschinen benötigen ein 3-Phasenwechselfeld für den Betrieb. Dieses ist aus der Gleichspannungsquelle in Form der Traktionsbatterie durch einen Wechselrichter zu erzeugen. Der Wechselrichter, oder auch Inverter, besteht aus einer Brückenschaltung, an den die Traktionsbatterie geschaltet ist. Die Schaltelemente der Brückenschaltung, meist Metall-Oxid-Halbleiter-Feldeffekttransistoren (MOSFET), Isolierte Gate Bipolartransistoren (IGBT) und neuerdings Siliziumkarbid-Halbleiter (SiC), werden vom Inverter mittels Pulsweitenmodulation (PWM) angesteuert und erzeugen so am Ausgang der Brückenschaltung die gewünschte, annähernd sinusförmige Wechselspannung [94]. Die Frequenz des PWM liegt dabei in einem Bereich von 400-1000 Hz [20],[49]. Diese Frequenz prägt sich auf die vom Inverter erzeugte Wechselspannung auf und führt demzufolge zu Schwankungen im, aus der Wechselspannung des Drehfelds erzeugten Drehmoments der EM. Diese Schwankungen liegen in einem Bereich von $M_{PWM} = \pm 1\ Nm$, wie Untersuchungen am Hochleistungs-elektroantriebsstrang-Prüfstand des Forschungsinstituts für Kraftfahrwesen und Fahrzeugmotoren Stuttgart (FKFS) ergaben. Somit tritt am PEG zusätzlich zu $\sigma_{\tau,M}$ eine durch die PWM-Ansteuerung hervorgerufene wechselnde mechanische Normalspannung $\sigma_{\tau,PWM}$ mit der festen Frequenz des PWM f_{PWM} auf.

2.4.6 Torsionsspannung bei Verbundquerschnitten

Wie bei der Berechnung der Biegespannung ist auch die am PEG wirkende Torsionsspannung über die Betrachtung eines Verbundquerschnitts zu ermitteln. Für die Torsion von Verbundquerschnitten setzt sich das übertragene Torsionsmoment im Verbund als Summe der in den Teilquerschnitten übertragenen Torsionsmomente zusammen. Für das über die Rotorwelle übertragene Moment der EM folgt mit den Teilquerschnitten der Rotorwelle und des PEG:

$$M_{EM} = M_{Welle} + M_{PEG}. \qquad \text{Gl. 2.34}$$

Des Weiteren gilt, dass die Verdrehwinkel γ der Teilquerschnitte gleich sind und dem entsprechend:

$$\gamma_{Welle} = \gamma_{PEG} \qquad \text{Gl. 2.35}$$

Der Verdrehwinkel ist allgemein definiert als:

$$\gamma = \frac{M_t \times l}{G_m \times I_P} \qquad \text{Gl. 2.36}$$

in Abhängigkeit des wirkenden Torsionsmoments M_t, der Länge l des Objektes, dem materialabhängigen Schubmodul G_m sowie dem polaren Flächenträgheitsmoment I_P [42]. Gl. 2.36 angewendet auf Gl. 2.35 und nach M_{Welle} aufgelöst ergibt:

$$M_{Welle} = M_{PEG} \frac{G_{m,Welle} \times I_{P,Welle}}{G_{m,PEG} \times I_{P,PEG}} \qquad \text{Gl. 2.37}$$

Wird Gl. 2.37 in Gl. 2.34 eingesetzt und nach M_{PEG} aufgelöst, folgt:

$$M_{PEG} = \frac{M_{EM}}{\left(\frac{G_{m,Welle} \times I_{P,Welle}}{G_{m,MFC} \times I_{P,MFC}} + 1 \right)} \qquad \text{Gl. 2.38}$$

Mit dem Torsionsmoment M_{PEG} ist $\sigma_{\tau,PEG}$ zu bestimmen, unter der Annahme, dass die sich einstellende Schubspannung τ gleich einer Normalspannung zu betrachten ist, die um 45° zur Hauptachse wirkt [53]. Mit der Höhe z nach Gl. 2.30 folgt für die am PEG wirkende Spannung infolge der Torsion:

$$\sigma_{\tau,PEG} = \frac{M_{EM} \times z}{\left(\frac{G_{m,Welle} \times I_{P,Welle}}{G_{m,MFC} \times I_{P,MFC}} + 1 \right) \times I_{P,MFC}}. \qquad \text{Gl. 2.39}$$

2.4.7 Mor´sche Analogie

Die Mor´sche Analogie beschreibt ein nummerisches Verfahren zur Berechnung der Biegelinie eines Balkens, als der die Rotorwelle vereinfacht betrachtet wird. Die Bestimmung der am PEG wirkenden Biegespannung erfolgt, wie in Abschnitt 2.4.3 beschrieben, über die Annahme der gleichen Längenänderung von Rotorwelle und PEG. Somit ist der PEG nicht im Bereich der höchsten mechanischen Belastung der Rotorwelle zu positionieren, sondern an der Stelle der größten Längenänderung. Die Bestimmung der Längenänderung erfolgt durch die Berechnung der Biegelinie der Rotorwelle unter der Belastung der Biegespannungen.

Grundlage dieses Verfahrens sind die zwei Gleichungen der Balkentheorie [69], [77]

$$M_b(x) = -\iint q_z(x)dx^2 \qquad \text{Gl. 2.40}$$

$$w(x) = -\iint \frac{M(x)}{E_m I_y(x)}dx^2 \qquad \text{Gl. 2.41}$$

Folglich ist die Biegelinie $w(x)$ gleich einer gedachten Momentenlinie M^* eines Ersatzträgers mit der Flächenbelastung $\kappa = \frac{M_b(x)}{E_m I_y(x)}$

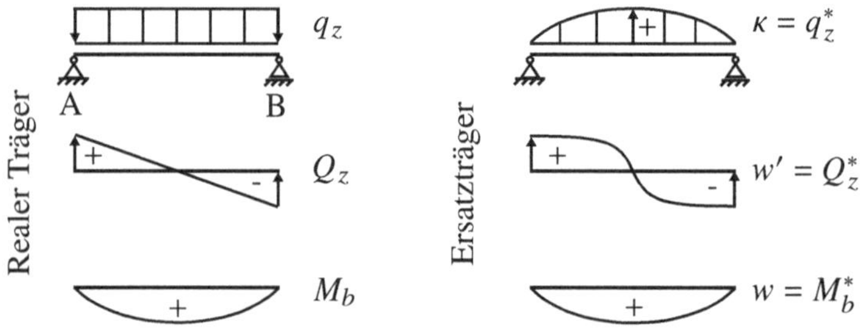

Abbildung 2.10: Mor'sche Analogie nach [69]

$M_b(x)$ ist anhand der Belastung des realen Trägers, der die Rotorwelle abbildet, aus der Flächenbelastung q_z oder der Querkraftbelastung Q_z zu berechnen.

Zudem ist das Flächenträgheitsmoments $I_y(x)$ des Trägers anhand der Geometrie der Rotorwelle zu bestimmen. Aus $I_y(x)$ und $M_b(x)$ folgt $\kappa = q_z^*$. Wie in Abbildung 2.10 wird zunächst der Ersatzquerkraftverlauf $Q_z^*(x)$ berechnet, um aus diesem $M_b^*(x)$ und damit die Biegelinie $w(x)$ zu bestimmen. Für die nummerischen Verfahren, die dazu Verwendung finden, ist zunächst das System in ein diskretes System zu wandeln. Dazu wird x durch die diskrete Schrittweite $u_m := 1^{-3}\,mm$ ersetzt. Des Weiteren wird die Flächenlast q_z^* nach Gl. 2.42 in Einzelkräfte dF umgewandelt:

$$dF_i := q_z^*(i \times u_m) \times u_m = \frac{M_b(i \times u_m)}{E_m I_y(i \times u_m)} \times u_m, \qquad \text{Gl. 2.42}$$

wobei $i \in [0, .., N_{mor}]$ mit $N_{mor} = L/um$ ist. Durch das Aufstellen der Summe der Momente um Lager B ist die Lagerkraft F_A^*:

$$\begin{aligned} \sum M_B = 0 = F_A^* \times L - \sum_{i=0}^{N_{mor}} dF_i \times (L - iu_m) \\ \Rightarrow F_A^* = \frac{\sum_{g=i}^{N_{mor}} \frac{M_b(i)u_m}{E_m I_y(i)} (L - iu_m)}{L} \end{aligned} \qquad \text{Gl. 2.43}$$

und mittels dieser der Ersatzquerkraftverlauf $Q^*(i)$:

$$Q^*(i) = F_A^* - \sum_{g=i}^{N_{mor}} dF_i, \qquad \text{Gl. 2.44}$$

sowie schlussendlich die Biegelinie $w(i)$ als Ersatzmomentenlinie $M^*(i)$:

$$w(i) = M^*(i) = F_A^* \times i - \sum_{i=0}^{N_{mor}} dF_i \times u_m i \qquad \text{Gl. 2.45}$$

definiert.

3 Methode zur Auslegung eines rotorseitigen piezoelektrischen Energy-Harvesters

PEH bieten Potenziale zur Verbesserung der Produkteigenschaften der EM durch die Bereitstellung von elektrischer Energie zum Betreiben von rotorseitiger Sensorik, wie in den vorherigen Kapiteln aufgezeigt. Hauptkern dieser Arbeit ist eine Methode für die Auslegung und Integration eines PEH auf der Rotorwelle einer EM, die als Traktionsmaschine eines Pkw betrieben wird. Die in diesem Kapitel präsentierte Methode greift dabei die eingangs dieser Abhandlung gestellten Forschungsfragen auf, wie ein PEH auf der Rotorwelle ausgelegt wird sowie wie diese Auslegung in den Entwicklungsprozess einer EM zu integrieren ist. Der aufgezeigte Prozess zur Auslegung bezieht sich dabei auf EM mit einem Rotor als Innenläufer sowie PEG, die als Patch nach Abbildung 2.1 direkt auf die Welle aufgebracht sind, womit sie den mechanischen Spannungen direkt ausgesetzt sind.

Ausgangspunkt der präsentierten Methode ist der in Abschnitt 2.3 aufgezeigte Schritt der ersten Dimensionierung der EM. Die Methode dient dabei einer ersten Auslegung eines PEH auf der Rotorwelle und schafft die Grundlage eines, nach aktuellem Stand der Technik, neuen Ansatzes für den Einsatz von PEH. Eine Übersicht der entwickelten Methode ist in Abbildung 3.1 dargestellt. Wie dort abgebildet ist die Methode in drei Teilabschnitte unterteilt, die nacheinander zu durchlaufen sind. Die Teilabschnitte sind:

- Mechanische Systemauslegung
- Elektrische Modellierung des PEH
- Simulation und Evaluation

Die mechanische Systemauslegung dient der Berechnung der am PEG wirkenden mechanischen Lasten. Mit den Daten der mechanischen Systemauslegung ist die elektrische Berechnung des PEH möglich. Das dazu benötigte Modell ist im zweiten Abschnitt der Methode beschrieben. Die Methode definiert die Ansätze für die Modellierung des PEH und des Sensorsystems. Die Methode schließt mit der Simulation des PEH in Verbindung mit einem Sensorsystem ab.

L. Brandl, *Auslegung und Integration eines piezoelektrischen Energy-Harvesters zur Versorgung von Sensoren auf Rotoren elektrischer Maschinen*,
Wissenschaftliche Reihe Fahrzeugtechnik Universität Stuttgart,
https://doi.org/10.1007/978-3-658-50106-8_3

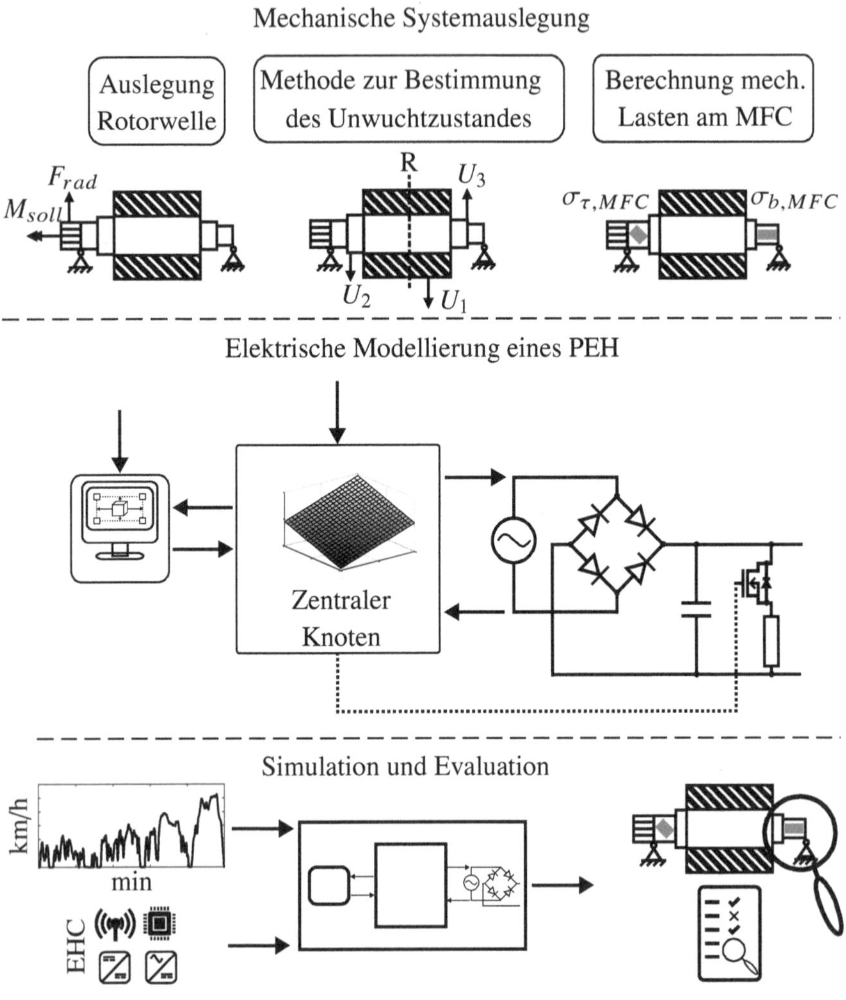

Abbildung 3.1: Übersicht Methode zur Auslegung eines PEH

Auf Basis der Ergebnisse der Simulation erfolgt die Evaluation der Auslegung. Mit Hilfe dieser sind Varianten des PEH zu vergleichen und Optimierungspotenziale zu identifizieren. Der Aufbau dieses Kapitels folgt dem Aufbau der Methode.

3.1 Mechanische Systemauslegung

Mit dem PEG als Wandler von mechanischer in elektrische Energie ist folglich zunächst die mechanische Beschreibung des Systems erforderlich, um den PEG auslegen zu können. Diese Beschreibung erfolgt im ersten Teil der Methode, wie in Abbildung 3.1 dargestellt und wird mechanische Systemauslegung genannt. Diese Systemauslegung umfasst dabei alle Schritte der Methode, die auf mechanischen Zusammenhängen beruhen. Ziel ist die mechanische Auslegung aller für die Integration des PEH notwendigen Bauteile, sowie die Bereitstellung der am PEG wirkenden mechanischen Lasten in Form von Biege- und Torsionsspannungen. Ausgangspunkt der Systemauslegung ist der nach Abschnitt 2.3 beschriebene erste Schritt der Auslegung einer EM, durch Festlegung der folgenden Parameter:

Tabelle 3.1: Eingangsdaten der mechanischen Systemauslegung

Variable	Einheit	Beschreibung
M_{soll}	Nm	Zieldrehmoment der EM
n_{max}	$1/min$	maximale Drehzahl der EM
$d_{A,aktiv}$	mm	Außendurchmesser aktiver Bereich des Rotors
$d_{a,aktiv}$	mm	Innendurchmesser aktiver Bereich des Rotors
l_{aktiv}	mm	Länge aktiver Bereich des Rotors

Diese bilden die Eingangsparameter für die Methode und damit auch für die mechanische Systemauslegung. Die Systemauslegung unterteilt sich in drei Schritte. Begonnen wird mit der ersten Dimensionierung der Rotorwelle, anhand derer die mechanischen Spannungen in der Welle berechnet werden. Daran anschließend wird mittels einer dafür entwickelten Methode in Abschnitt 3.1.2 die Unwucht und deren mechanische Auswirkung auf die Rotorwelle bestimmt. Abgeschlossen wird die mechanische Systemauslegung mit der Dimensionierung der als PEG eingesetzten MFC-Patchs sowie der Bestimmung der mechanischen Lasten, die an den Patchs wirken. Die beschriebenen Auslegungsschritte werden in den folgenden drei Abschnitten erläutert.

3.1.1 Auslegung der Rotorwelle

Mit dem Ziel der Bestimmung der am PEG wirkenden Kräfte ist zunächst die Rotorwelle der EM, auf der der PEG im weiteren Verlauf platziert ist, mechanisch auszulegen. Für die Auslegung der Rotorwelle sind für diese Arbeit Annahmen und Einschränkungen getroffen worden, die nachfolgend aufgelistet sind:

- Einseitiger Abtrieb durch Ritzel
- Zweifachlagerung der Welle
- Alle mechanischen Lasten wirken in der zx-Ebene

Diese Annahmen wurden getroffen auf Grundlage der Benchmarkanalyse zu elektrischen Traktionsmaschinen in Fahrzeugen, welche im Rahmen des EU-Projekts *Drivemode* von Miljavec durchgeführt wurde [71]. Sie repräsentieren demnach den Aufbau, der im überwiegenden Teil der Pkw-Traktionsmaschinen Anwendung findet.

Abbildung 3.2 zeigt den schematischen Aufbau solch einer Rotorwelle mit allen relevanten geometrischen Größen. Für das weitere Vorgehen und wie in der Abbildung gezeigt, wird die Welle in vier Bereiche unterteilt. Die Aufteilung erfolgt analog zu dem in Abschnitt 2.3.1 gezeigten Aufbau. Die Benennung der Bereiche findet sich auch in der Nomenklatur der Variablen wieder. Die Bereiche li & re werden im Folgenden auch Wellenende genannt. Die Lager des Rotors sind an jenen Wellenenden platziert. Der Ursprung des Koordinatensystems liegt auf Höhe des linken Lagers im Übergang vom Bereich pin zu li, mit der x-Achse parallel zur Wellenlängsachse. $z = 0$ ist in der Rotationsachse der Welle definiert. Für die Bereiche pin & $aktive$ ist der Durchmesser der Welle konstant. Die Wellenenden können, wie im Folgenden noch detaillier-

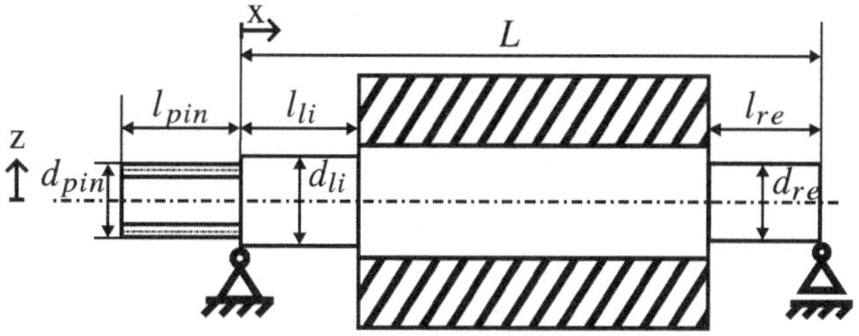

Abbildung 3.2: Schematische Darstellung des Rotors für die mechanische Systemauslegung

ter beschrieben, infolge der mechanischen Auslegung in Unterbereiche mit unterschiedlichen Durchmessern unterteilt sein, wobei deren Anzahl für die erste Dimensionierung auf zwei pro Seite begrenzt ist. Im Laufe der weiteren Entwicklung der EM ist die Anzahl um eventuell benötigte Funktionsflächen zu ergänzen.

Die Auslegung der Rotorwelle stützt sich auf die DIN 743 [27], die die Tragfähigkeitsberechnung von Wellen und Achsen definiert. DIN 743 enthält dazu Berechnungsgrundlagen sowie das methodische Vorgehen zur Auslegung einer Achse oder Welle unter verschiedensten Belastungsfällen. Erfolgt die Auslegung einer Welle nach der DIN 743, ist diese als validiert zu betrachten, in den von der Norm abgesteckten Anwendungsfällen, unter welche diese Anwendung fällt.

Grundlage der Auslegung einer Welle nach DIN 743 ist die Bestimmung eines Sicherheitsfaktors

$$S_{min} = \frac{1}{\sqrt{\left(\frac{\sigma_{zda}}{\sigma_{zdADK}} + \frac{\sigma_{ba}}{\sigma_{bADK}}\right)^2 + \left(\frac{\tau_{ta}}{\tau_{tADK}}\right)^2}} \geq 1,2 \qquad \text{Gl. 3.1}$$

gegen Dauerbrüche. Hierbei sind σ_{zda}, σ_{ba} und τ_{ta} die auftretenden Spannungsamplituden aufgrund von Zug/Druck, Biegung und Torsion sowie σ_{zdADK}, σ_{bADK} und τ_{tADK} die entsprechenden ertragbaren Amplituden. Für die Berechnung von S_{min}, sind zunächst die auftretenden Spannungen zu bestimmen. Durch die Annahme, dass alle Kräfte nur in der zx-Ebene des Rotors auftreten, wird der Rotor durch keine axialen Kräfte belastet, womit auch keine Zug/Druck-Spannungen auftreten. Die Biegespannung, die die Rotorwelle erfährt, ist abhängig von der durch das Abtriebsritzel erzeugten Radialkraft F_{rad} nach Gl. 2.19 sowie der Fliehkraft infolge der Unwucht der Welle F_U nach Gl. 2.25. Beide sind abhängig von den geometrischen Größen der Welle und daher zu diesem Zeitpunkt nicht bekannt. Folglich startet die Methode mit einer Vordimensionierung der Welle, anhand des nach Tabelle 3.1 bekannten Soll-Drehmoments M_{soll} der untersuchten EM, woraus der erste Durchmesser der Welle d_{Vor} berechnet wird:

$$d_{Vor} = \sqrt[3]{\frac{16 \times M_{soll}}{\pi \times \tau_{t,zul}}}, \qquad \text{Gl. 3.2}$$

wobei $\tau_{t,zul}$ ein materialabhängiger Festigkeitswert ist. Die Längen der Welle auf der rechten, respektive linken Seite des aktiven Bereichs werden festgelegt nach:

$$l_{li} = l_{re} := 0,5 \times l_{aktive} \qquad \text{Gl. 3.3}$$

Für die Länge des Ritzels wird definiert:

$$l_{pin} := 0,25 \times l_{aktive}, \qquad \text{Gl. 3.4}$$

Die Längen werden anhand der Mittelwerte der in [71] untersuchten EM gebildet. Mit d_{Vor} ist mittels der Gleichung der für die am Ritzel wirkende Radialkraft F_{rad} Gl. 2.19 zunächst der daraus resultierende Biegemomentenverlauf $M_{b,F_{rad}}(x)$ entlang der Welle zu bestimmen. Aus diesem wird mit dem M_{soll} als Torsionsmoment der kombinierte Lastfall $M_{komb}(x)$ der Welle berechnet:

$$M_{komb}(x) = \sqrt{M_{b,F_{rad}}(x)^2 + 3 \times \left(\frac{M_{soll}(x)}{2}\right)^2} \qquad \text{Gl. 3.5}$$

Aus dem Verlauf von $M_{komb}(x)$ ist der Verlauf des minimal erforderlichen Durchmessers entlang der x-Achse zu bestimmen, unter Berücksichtigung des materialabhängigen Festigkeitskennwertes für Biegewechsel-Lasten σ_{bw}.

$$d(x) = 2,17 \times \sqrt[3]{\frac{M_{komb}(x)}{\sigma_{bw}}} \qquad \text{Gl. 3.6}$$

Aus $d(x)$ folgen die Durchmesser der drei Bereiche der Welle. Dazu wird definiert:

$$max(d(x)) = \begin{cases} d_{pin}: & -l_{pin} \leq x < 0 \\ d_{li}: & 0 \leq x \leq l_{li} \\ d_{re}: & l_{li} + l_{aktive} < x \end{cases} \quad \text{Gl. 3.7}$$

Für die Auslegung einer Hohlwelle sind das Widerstandsmoment gegen Biegung:

$$W_b = \frac{\pi}{32} \frac{d_A^4 - d_i^4}{d_A} \quad \text{Gl. 3.8}$$

sowie das gegen Torsion:

$$W_t = \frac{\pi}{16} \frac{d_A^4 - d_i^4}{d_A}, \quad \text{Gl. 3.9}$$

in Betracht zu ziehen. Dazu ist zunächst eine Wandstärke t der Hohlwelle zu definieren. Mit dieser Wandstärke werden Außendurchmesser d_A und Innendurchmesser d_i so gewählt, dass das Widerstandsmoment $W_{b,hohl}$ gleich dem Widerstandsmoment der zuvor errechneten Vollwelle W_b mit Durchmesser $d(x)$ ist. Für die überlagerte Belastung aus Biegung σ_b und Torsion τ_t wird analog für W_t vorgegangen und der größere der beiden errechneten Außendurchmesser d_A für die weitere Berechnung verwendet. Somit ändern sich die auftretenden Spannungsamplituden σ_{zda}, σ_{ba} und τ_{ta} nicht.

Sind die Durchmesser der Welle bestimmt, erfolgt die Berechnung des Sicherheitsfaktors S_{min} und die sich daraus gegebenenfalls notwendige Anpassung einzelner Durchmesser. Die ertragbaren Spannungsamplituden σ_{zdADK}, σ_{bADK} und τ_{tADK} basieren neben Werkstoffeigenschaften auf Geometrie-bezogenen Größen. Hier ist die Kerbwirkungszahl β hervorzuheben, die den Einfluss von Durchmessersprüngen beschreibt und der sich aus den Durchmessersprüngen ergebenen Spannungsspitzen im Kerbgrund. Um einer Überschreitung der lokalen Spannung im Kerbgrund entgegen zu wirken, sind im Bereich der Wellenenden li & re zusätzliche Absätze in die Welle zu designen, um die Durchmessersprünge zu verringern. Für die rechnerische Bestimmung sei auf die Formeln in DIN 743 verwiesen [27]. Jeder Abschnitt der Welle wird separat betrachtet und auf die Bedingung $S_{min} \geq 1,2$ geprüft. Ist die Bedingung nicht erfüllt, wird im entsprechenden Wellenende ein Absatz eingefügt, wie in Abbildung 3.3 gezeigt, mit entsprechender Indizierung der geometrischen Größen.

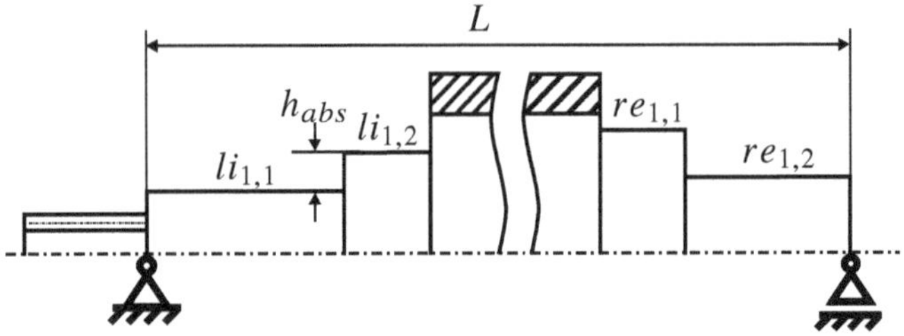

Abbildung 3.3: Schematische Darstellung der Rotorwelle mit Absatz zur Reduktion der Kerbwirkung

Dazu wird der Abstand

$$h_{abs} = \frac{d_D - d_d}{2} \quad \text{Gl. 3.10}$$

bestimmt, wobei d_D der größere der Durchmesser der betrachteten Stelle ist und d_d der kleinere. Der Durchmesser des Absatzes wird iterativ mit:

$$d_{abs} = d_d + h_{abs}k \quad \text{Gl. 3.11}$$

angepasst und S_{min} neu berechnet. Die Iteration erfolgt im Intervall von $k \in [0.5 : -0.05 : 0.05]$. Wird für das Intervall von k die Bedingung $S_{min} \geq 1,2$ nicht erfüllt, so wird der kleinere Durchmesser $d_d = d_d \times 1,1$ gesetzt und die Iteration erneut gestartet. Sind alle Durchmesser so bestimmt, dass $S_{min} \geq 1,2$ erfüllt ist, ist die Auslegung der Rotorwelle abgeschlossen und der Schritt der Bestimmung des Unwuchtzustandes der Welle folgt.

3.1.2 Methode zu Bestimmung des Unwuchtzustandes eines Rotors

Nach Auslegung der Rotorwelle folgt im anschließenden Schritt der Methode die Bestimmung des Unwuchtzustandes dieser Welle. Die Unwucht ist, wie in Abschnitt 2.4.2 dargelegt, eine mögliche Energiequelle des PEH, durch die von der Unwucht bei Rotation der Welle hervorgerufenen Biegespannungen

$\sigma_{b,Un}$ in der Welle. Um $\sigma_{b,Un}$ berechnen zu können, ist der Unwuchtzustand der Welle zu errechnen. Zur Bestimmung der zulässigen Unwucht U_{zul} der Welle ist zunächst die Güteklasse G der Welle zu ermitteln. Nach DIN 21940 [28] wird G anhand einer Fallunterscheidung festgelegt. Die Wahl von G wird bedingt durch den maximalen Durchmesser der Welle d_{max} und der maximalen Rotordrehzahl n_{max}. Für die präsentierte Methode sind drei Fälle relevant

$$G = \begin{cases} 6,3 & d_{max} < 80\,mm \\ 6,3 & d_{max} \geq 80\,mm\, \&\, n_{max} \leq 950\,1/min \\ 2,5 & d_{max} \geq 80\,mm\, \&\, n_{max} \geq 950\,1/min \end{cases} \qquad \text{Gl. 3.12}$$

Zwar ist so G der Rotorwelle ermittelt und aus dieser mit der zuvor berechneten Geometrie der Welle die zulässige Unwucht U_{zul} nach Gl. 2.21, jedoch ist daraus nicht die am PEG wirkende Biegespannung $\sigma_{b,Un}$ bestimmbar, da es sich bei U_{zul} nach Gl. 2.24 lediglich um die Summe der vektoriellen Addition der einzelnen Unwuchten handelt. Dies ist für die Auswuchtung einer Welle, das das Ziel der DIN 21940 ist, ausreichend, jedoch ist daraus nicht der exakte Verlauf der Biegespannung zu berechnen, was zu einer ungenauen Bestimmung der am PEG wirkenden Biegespannung führt. Hierfür sind die einzelnen Unwuchten, die die resultierende Unwucht ergeben, zu definieren. Es handelt sich dabei jedoch um eine zufällige Verteilung mit mathematisch unendlich vielen Kombinationen. Um dieses Problem zu lösen, ist im Rahmen dieser Arbeit eine Methode entwickelt worden, welche den in Abbildung 3.4 gezeigten Ansatz nutzt und im Folgenden beschrieben wird.

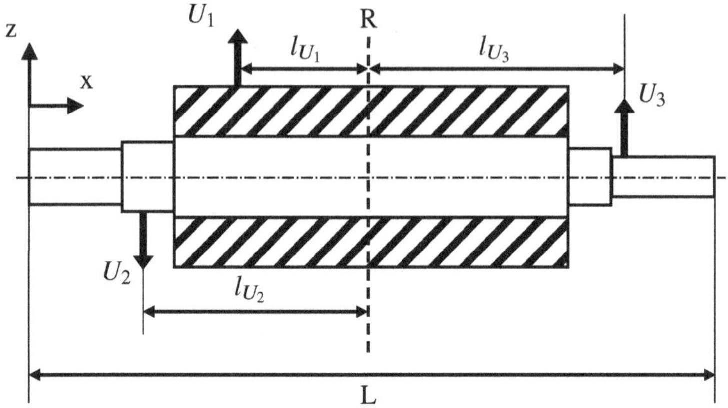

Abbildung 3.4: Ansatz für die Bestimmung der Unwucht

Begonnen wird mit der Definition des Unwuchszustandes U_{Welle} durch drei Unwuchten U_1 bis U_3. Das Ziel der präsentierten Methode ist die Unwuchten so zu wählen, dass U_{zul} vollumfänglich ausgenutzt wird, da die erzeugte elektrische Leistung des PEH direkt von der Höhe der mechanischen Belastung abhängt.

Im ersten Schritt wird dazu

$$U_1 := U_{r,zul} = \frac{P_{r,zul}}{L} = 0,7071 \times U_{zul} \qquad \text{Gl. 3.13}$$

gesetzt. Hieraus ergibt sich jedoch, dass die zulässige Momentenunwucht $P_{r,zul}$ nur für zwei Kombinationen der Positionen von Referenzebene x_R und Unwucht x_{U_1}

$$\begin{aligned} x_R = 0 \wedge x_{U_1} = L \\ x_R = L \wedge x_{U_1} = 0 \end{aligned} \qquad \text{Gl. 3.14}$$

vollumfänglich genutzt wird. Es ist daher notwendig ein Unwuchtpaar zu definieren. Zuvor ist für die Berechnung der Momentenunwucht die Position der Referenzebene R festzulegen, was im Rahmen dieser Arbeit die Mitte des aktiven Bereichs ist. Damit ist das Unwuchtpaar U_{23} bestimmbar mit:

$$U_{23} := \frac{P_1 - P_r}{l_{U_3} - l_{U_2}}, \qquad \text{Gl. 3.15}$$

unter den Bedingungen:

$$x_{U_2} < x_R$$
$$x_{U_3} > x_R \quad \text{Gl. 3.16}$$
$$U_2 = -U_3 = U_{23}.$$

Somit heben sich U_2 & U_3 in der vektoriellen Addition für $U_{r,zul}$ auf, führen aber zu einer vollständigen Ausnutzung der zulässigen Momentenunwucht $P_{r,zul}$, und damit auch von U_{zul}. Zur Abbildung des Unwuchtzustandes U_{Welle} einer Welle in den Grenzen der DIN 21940 sind folglich drei Unwuchten zu definieren sowie deren Position.

Im nächsten Schritt gilt es, das Problem der mathematisch unendlichen Kombinationen der Unwuchten zu lösen. Die entwickelte Methode zur Bestimmung des Unwuchtzustandes betrachtet dazu die Auswirkung der Unwucht auf die Welle, in Form der Durchbiegung $w(x)$. Um $w(x)$ zu bestimmen, wird das Mor'sche Verfahren nach Abschnitt 2.4.7 angewandt. Im ersten Schritt werden Unwuchtkombinationen $U_{komb,i}$ generiert. Hierzu werden die Position der Unwucht U_1, $x_{U_1,p} = \Delta x_{U_1} \times p$ im Intervall $p \in [0, .., N_{Un}]$ mit $N_{Un} = L/\Delta x_{U_1}$ variiert. Zu jeder Position $x_{U_1,p}$, werden jeweils $j \in \mathbb{N}$ zufällige Positionen der Unwuchten U_2 und U_3 generiert unter den Bedingungen von Gl. 3.16. Somit sind

$$K_{komb} = j \times \frac{L}{\Delta x} \quad \text{Gl. 3.17}$$

Kombinationen der Unwuchten erzeugt.

Für $U_{komb,i}$ $(i = 1, .., K_{komb})$ wird die maximale Durchbiegung im Bereich der Wellenenden $w_{max,i} := [w_{max,li,i}, w_{max,re,i}]$ bestimmt für $n_{EM} = n_{max,EM}$. Zwar bilden die K Unwuchtkombinationen nicht vollständig die möglichen Unwuchtkombinationen ab, jedoch lassen sich durch die Anwendung von statistischen Verfahren Rückschlüsse auf sämtliche Kombinationen ziehen sowie deren Auswirkung auf die Rotorwelle. Zur Bestimmung des Unwuchtzustandes einer Welle wird als statistisches Verfahren die Bestimmung der Häufigkeitsverteilung genutzt [16]. Die Häufigkeitsverteilung gibt in diesem Fall die Anzahl der auftretenden Durchbiegungen $w_{max,i}$ aus den K_{komb} Unwuchtkombinationen an. Diese Häufigkeitsverteilung ist grafisch mittels eines Histogramms dargestellt in Abbildung 3.5. Dabei stellte sich in Untersuchungen von verschiedenen Rotorwellen heraus, dass sich die ergebende Verteilung für $w_{max,i}$ entsprechend einer Doppel-Gauss-Verteilung verhält. Eine zusammenhängende

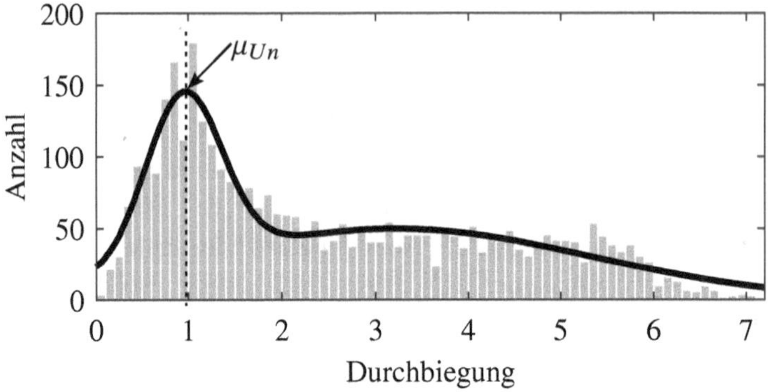

Abbildung 3.5: Histogramm der Unwuchtkombinationen

Gauss-Verteilung ist allgemein mathematisch zu beschreiben durch die Funktion:

$$y_{Gau}(x) = \sum_{i=1}^{N_{Gau}} a_i e^{\left[-\left(\frac{x-b_i}{c_i}\right)^2\right]} \qquad \text{Gl. 3.18}$$

mit a_i der Amplitude, b_i der x-Position von a_i und c_i der Breite der Amplitude [66]. Für eine Doppel-Gauss-Verteilung ist $N_{Gau} = 2$ zu setzen. b_1 repräsentiert den Erwartungswert μ_{Un} der Verteilung und damit die zu erwartende Durchbiegung w der Rotorwelle. Da es sich um einen statistischen Wert handelt, ist μ_{Un} dabei unabhängig von K und bildet damit sämtliche Unwuchtkombinationen ab. Für das weitere Vorgehen wird aus $U_{komb,i}$ ($i = 1, ..., K_{komb}$) eine Kombination $U_{komb,g}$ bestimmt, für die gilt:

$$w_{max,g} = y(b_1). \qquad \text{Gl. 3.19}$$

Die Durchbiegung $w_{max,g}$ von $U_{komb,g}$ repräsentiert die statistisch zu erwartende Durchbiegung der Welle im Bereich der Wellenenden, aufgrund der Unwucht. Damit ist der Unwuchtzustand $U_{Welle} = U_{komb,g}$ der Rotorwelle bestimmt. Wie in Abschnitt 2.4.2 beschrieben, ist die zeitliche Änderung der Durchbiegung $w_{max,g}$ in Abhängigkeit zu N_{EM} als Energiequelle des PEG nutzbar.

3.1.3 Mechanische Last am piezoelektrischen Generator

Nach Auslegung der Rotorwelle und Bestimmung des Unwuchtzustands dieser sind die am PEG wirkenden mechanischen Spannungen zu bestimmen. Dieser Schritt bildet den letzten der Systemauslegung der gezeigten Methode zur Auslegung eines auf der Rotorwelle integrierten PEH ab. Hierzu müssen jedoch zunächst die Anzahl und Position der als PEG verwendeten MFC-Patchs definiert werden.

Für die Wandlung der Torsionsspannung ist der MFC unter 45° auf der Welle zu positionieren. Des Weiteren ist zu berücksichtigen, dass durch die Annahme des einseitigen Abtriebs die Torsionsspannung nur im linken Wellenende auftritt. Damit ergibt sich die Breite des MFC-Patch für Torsion zu:

$$b_{MFC,t} = \frac{d_{li} \times \pi}{N_{MFC,t} \times \sqrt{2}}, \qquad \text{Gl. 3.20}$$

mit der Anzahl der Patchs $N_{MFC,t}$, die hier auf maximal 2 Patchs beschränkt ist. Für d_{li} ist bei Wellen mit Absatz $d_{li,1}$ zu verwenden, da der Absatz mit einer Länge $l_{li,2} = 20\,mm$ nicht genügend Platz bietet. Die Länge des Patch ist:

$$l_{MFC,t} = l_{li} \times \sqrt{2} - b_{MFC,t}, \qquad \text{Gl. 3.21}$$

wobei mit $l_{MFC,t}$ analog zur Breite vorgegangen wird, sofern das Wellenende einen Absatz aufweist. Der Winkel zwischen den Patchs ergibt sich zu:

$$\phi_{MFC,t} = \frac{2\pi}{N_{MFC,t}} \qquad \text{Gl. 3.22}$$

Unter Verwendung der in Tabelle 2.1 gegebenen technischen Daten des MFC und der zuvor berechneten Abmaße der Patchs für die Torsion ist mittels Gl. 2.39, die an den MFC-Patchs wirkende Spannung:

$$\sigma_{\tau,MFC} = \frac{[M_{EM} + M_{PWM} \times \sin(2\pi f_{PWM} \times t)] \times z}{\left(\frac{G_{m,Welle} \times I_{P,Welle}}{G_{m,MFC} \times I_{P,MFC}} + 1\right) \times I_{P,MFC}} \qquad \text{Gl. 3.23}$$

in Abhängigkeit des erzeugten Moments der EM, M_{EM} sowie der Frequenz der Inverteransteuerung, f_{PWM}, festgelegt.

Für die Berechnung der an den für die Wandlung der Biegespannung eingesetzten MFC-Patchs wirkende Spannung sind wie bereits zuvor zunächst die Abmaße der Patchs zu ermitteln. Die Breite dieser Patchs berechnet sich nach:

$$b_{MFC,b} = \frac{d \times \pi}{N_{MFC,b}} \qquad \text{Gl. 3.24}$$

mit $d := [d_{li}, d_{re}]$ den Durchmessern der Wellenenden und $N_{MFC,b} := [N_{li}, N_{re}]$ die Anzahl der Patchs je Wellenende, die hier auf 3 Patchs beschränkt sind. Für die Länge des Patch $l_{MFC,b}$ wird die Länge des Wellenendes verwendet. Positioniert werden die Patchs mit einem Winkelversatz von:

$$\phi_{MFC,b} = \frac{2\pi}{N_{MFC,b}}. \qquad \text{Gl. 3.25}$$

Nach Festlegung der Abmaße und Position der Patchs für Biegung ist der nächste Schritt die Berechnung der an den Patchs wirkenden Biegespannung $\sigma_{b,MFC}$. Aus Gl. 2.32 folgt, dass zunächst der Biegemomentenverlauf $M_b(x)$ entlang der Rotorwelle aufzustellen ist. Dieser teilt sich auf in das durch F_{rad} nach Gl. 2.19 hervorgerufene Moment $M_{b,F_{rad}}$ und das aus dem durch die Unwucht hervorgerufene Moment $M_{b,Un}$. Für $M_{b,Un}$ sind die Unwuchten gemäß dem in Abschnitt 3.1.2 bestimmten Unwuchtzustandes U_{welle} in der Berechnung zu platzieren und nach Gl. 2.25 die Unwuchtkräfte zu berechnen. Dies in Gl. 2.32 eingesetzt und im mitrotierten KOS ausgedrückt ergibt:

$$\sigma_{b,PEG,i}(x) = \left[M_{b,F_{rad}}(x) \times \sin\left(2\pi f_{F_{rad}} + i\phi_{MFC,b}\right) + M_{b,Un}(x)\right] E_m I_y \qquad \text{Gl. 3.26}$$

Für $\sigma_{b,MFC}$ wird die mittlere Spannung entlang der Patchs berechnet durch:

$$\sigma_{b,MFC} = \frac{E_m I_y}{l_{MFC,b}} \int M_{b,MFC}(x)dx \qquad \text{Gl. 3.27}$$

mit der Summe aller auf den MFC wirkenden Biegemomente:

$$M_{b,MFC}(x) = M_{b,F_{rad}(x)} \times \sin\left(2\pi f_{F_{rad}} + \phi_{MFC,b}\right) + M_{b,Un}(x) \qquad \text{Gl. 3.28}$$

Damit Gl. 3.27 numerisch zu bestimmen ist , wird analog zu dem Mor´schen Verfahren aus Abschnitt 2.4.7, durch Einführung der Schrittweite Δx, das Integral als Summe beschrieben, womit sich Gl. 3.27 umschreiben lässt zu:

$$\sigma_{b,MFC} = \frac{\left[\sum_{i=0}^{N_L} \left(M_{b,MFC}(i \times \Delta x)\right) \Delta x\right] E_m I_y}{l_{MFC,b}}, \qquad \text{Gl. 3.29}$$

wobei $i \in [0, .. , N_L]$ mit $N_L = l_{MFC,b}/\Delta x$. Somit sind die an den MFC-Patchs wirkenden Spannungen bestimmt. Mit $\sigma_{b,MFC}$ ist zudem der letzte Parameter der mechanischen Systemauslegung bestimmt und diese folglich abgeschlossen.

Neben $\sigma_{MFC} := \left[\sigma_{b,MFC}, \sigma_{\tau,MFC}\right]$, wurden die geometrischen Abmaße der Rotorwelle bestimmt sowie der Unwuchtszustand U_{Welle} dieser Welle. Ergänzend zu den Parametern aus Tabelle 3.1 bilden diese die Eingangsparameter in die elektrische Modellierung des PEH.

3.2 Elektrische Modellierung eines piezoelektrischen Energy-Harvesters

Wurde im ersten Teil der Methode das System mechanisch ausgelegt und der PEH mechanisch beschrieben, folgt die elektrische Beschreibung des PEH. Die elektrischen Modellierung des PEH erfolgt mittels der durch Daten aus der mechanischen Systemauslegung gewonnenen Simulationsmodelle. Kern der Modellierung ist eine Co-Simulation zur Kopplung des PEG Modells mit dem des EHC. Die dafür entwickelten und in der Methode angewandten Teilmodelle sowie die Zusammenführung dieser Teilmodelle zur Co-Simulation sind nachfolgend beschrieben. Ziel der Modellierung ist die Berechnung der Ausgangsleistung des PEH, sowohl für einzelne Betriebspunkte der untersuchten EM, als auch für ganze Fahrzyklen.

Die Integration eines PEH auf dem Rotor einer EM als Bestandteil der präsentierten Methode wird realisiert durch Erweiterung der Co-Simulation um ein Modell des Sensorsystems inklusive einer Logik für die Betriebsstrategie des modellierten Sensors. Somit ist die Anwendung der Sensorik unter einem gegebenen Fahrzyklus betriebsnah prüfbar.

3.2.1 Modellierung des piezoelektrischen Generators und Energy-Harvesting-Circuit

Die elektrische Beschreibung des PEH erfolgt im ersten Schritt durch die Kopplung der mechanischen mit der elektrischen Seite des PEG. Hierzu ist die durch den PEG erzeugte elektrische Leistung aufgrund der zuvor bestimmten mechanischen Belastung zu modellieren. Ein wichtiger Aspekt der Modellierung des PEG ist die Berücksichtigung des piezoelektrischen Rückkopplungseffekts, da eine fehlerhafte Modellierung zu inkorrekten Werten der erzielten Ausgangsleistung führt. Wie in Abschnitt 2.2.4 beschrieben kann ein PEG analytisch oder per FEM modelliert werden. Auf Grund der im EHC benötigten Bauteile mit einem nichtlinearen Verhalten sowie der späteren Erweiterung um eine Sensorik mit ebenfalls nichtlineare Verhalten ist eine analytische Modellierung des PEG ausgeschlossen. Um das Verhalten des PEG in Verbindung mit dem nichtlinearen Verhalten des EHC korrekt modellieren zu können, unter Berücksichtigung des piezoelektrischen Rückkopplungseffekts, ist eine Co-Simulation erforderlich. Diese bestehet aus einem FE-Modell für den PEG und einer Systemsimulation des elektrischen Netzes für den EHC. Grundlage der in dieser Arbeit entwickelten Co-Simulation sind die Arbeiten von Elvin & Elvin [32] und Gedeon & Rupitsch [39], die wie in Abschnitt 2.2.4 beschrieben nichtlineare elektrische Bauteile in ihre Simulation nachweislich korrekt integrieren konnten.

Der allgemeine Aufbau der für die Methode der Arbeit entwickelten Co-Simulation ist in Abbildung 3.6 gezeigt. Zunächst wird die Co-Simulation, wie in der Abbildung dargestellt, am Beispiel eines MFC-Patch erläutert. Der MFC-Patch wird mit den in der Systemauslegung errechneten Abmaßen $J := [l_{MFC}, b_{MFC}]$ in der Finite-Elementalyse (FEA)-Software als dreidimensionales Objekt modelliert. Hinzu kommen die Materialeigenschaften des MFC nach Tabelle 2.1 sowie die für die FEA benötigten homogenisierten Materialeigenschaften des MFC nach Gl. 2.6, Gl. 2.7 und Gl. 2.8.

Bei Patchs in der Ausführung als MFC-P2 Typ, welche den $\underline{d}_{31}$-Effekt nutzen und in dieser Arbeit Anwendung finden, befinden sich die Elektroden, über die die einzelne Piezofasern elektrisch verbunden sind, auf der Ober- und Unterseite des Patch, da das elektrische Feld in der 3-Richtung erzeugt wird. Die Knoten dieser Oberflächen sind in der FEA-Software elektrisch zu verbinden, woraus sich ein konstantes elektrisches Potenzial über den Flächen ergibt. Den auf

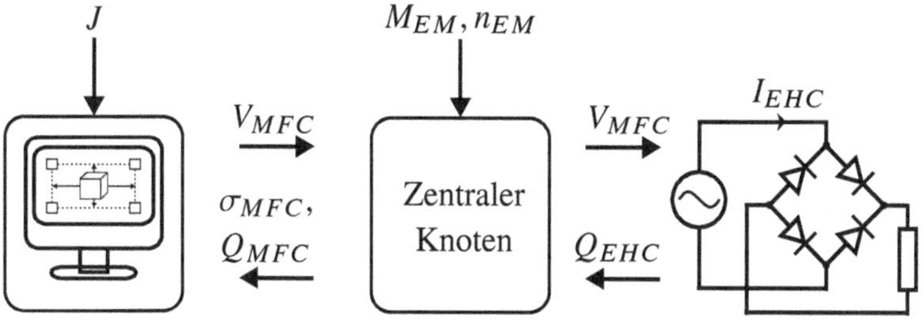

Abbildung 3.6: Aufbau der Co-Simulation für einen MFC-Patch

der Unterseite verbundenen Knoten wird anschließend das Massepotenzial zugewiesen.

Die am MFC-Patch wirkende Kraft in Folge von $\sigma_{MFC}(M_{EM}, n_{EM}, t)$ ist bei Piezoelementen mit $\underline{d}_{31}$-Effekt für die Erzeugung des elektrischen Feldes in 1-Richtung aufzubringen. Der zeitliche Verlauf von σ_{MFC} wird für die Simulation in Iterationen der zeitlichen Länge Δt_{it} unterteilt. Unter der Belastung $\sigma_{MFC}(M_{EM}, n_{EM}, t)$ zum Iterationsschritt t_i erfolgt die Simulation des PEG in Form einer statischen Analyse. Die statische Analyse ist zulässig, soweit Δt_{it} ausreichend klein gewählt ist, wodurch $\sigma_{MFC}(M_{EM}, n_{EM}, t_i)$ über die Zeit Δt_{it} des Iterationsschrittes als konstant zu betrachten ist.

Ergebnis der Simulation ist die Spannung V_{MFC,t_i} zwischen den Elektroden, die sich durch Aufbringen der Belastung σ_{MFC,t_i} mittels des piezoelektrischen Effekts in ein E-Feld wandelt, wodurch die Elektroden des MFC-Patch mit der Ladung Q_{MFC,t_i} geladen sind.

Mit V_{MFC,t_i} erfolgt die Kopplung des FE Modells an die Systemsimulation des elektrischen Netzes, welche den EHC modelliert. Die durch den PEG bereitgestellte Spannung V_{MFC,t_i} wird über eine Spannungsquelle in das System eingespeist. An die Spannungsquelle sind die weiteren Bauteile des EHC angeschlossen, wie der in Abbildung 3.6 gezeigte Brückengleichrichter und daran angeschlossene Widerstand als Last. Durch die Verbraucher des EHC fließt der

Strom I_{EHC,t_i} welcher im Zeitintervall Δt der Ladungsmenge:

$$Q_{EHC,t_i} = \int_{\Delta t_{it}} I_{EHC} dt \qquad \text{Gl. 3.30}$$

entspricht. Q_{EHC,t_i} wird den Elektroden des MFC-Patch entnommen, durch Reduktion von $Q_{MFC,t_{i+1}}$ des nächsten Iterationsschrittes um den entsprechenden Betrag von Q_{EHC,t_i}, wodurch die Rückkopplung zum FE-Modell erfolgt und der piezoelektrische Rückkopplungseffekt in der Modellierung berücksichtigt ist. Wie Abbildung 3.6 zeigt, sind die Modelle des PEG und EHC nicht direkt gekoppelt, sondern über den *Zentralen Knoten* der Co-Simulation. Der Knoten dient der Übergabe von V_{MFC,t_i} und der Anpassung sowohl der Ladung $Q_{MFC,t_{i+1}}$ in Abhängigkeit von Q_{EHC,t_i}, als auch der Belastung σ_{MFC} für die Iterationsschritte. Da sowohl Betriebspunkte als auch Fahrzyklen als eine Vorgabe von M_{EM} und n_{EM} definiert sind, sind im *Zentralen Knoten* zudem Funktionen implementiert, die diese Eingabe in die entsprechende Belastung σ_{MFC} wandelt und als zeitabhängige Funktion der Simulation aufbereitet.

Für die in der mechanischen Systemauslegung bestimmte Anzahl $N_{MFC} := [N_{MFC,b}, N_{MFC,t}]$ an MFC-Patchs ist die Co-Simulation zu erweitern. Zu unterscheiden ist dabei zwischen den MFC-Patchs für Torsion und Biegung. Für die Patchs zur Wandlung der Biegespannung sind auf der Seite des FE-Modells in der FEA-Software $N_{MFC,b}$ von einander unabhängige Teil-FE-Modelle zu erzeugen. Dabei ist darauf zu achten, den Phasenwinkel von $\sigma_{b,MFC}$, der sich aus dem Winkelversatz $\phi_{MFC,b}$ nach Gl. 3.25 ergibt, zu berücksichtigen. In der Systemsimulation des elektrischen Netzwerkes sind entsprechend $n_{MFC,b}$ Spannungsquellen zu implementieren und zu verschalten. Die Art der Verschaltung hat dabei einen Einfluss auf die erzielbare Ausgangsleistung des PEH. Dies wird in Kapitel 4 erörtert. Für die Patchs zur Wandlung der Torsionsspannung ist das Vorgehen analog durchzuführen entsprechend $N_{MFC,t}$. Da $\sigma_{\tau,MFC}$ jedoch unabhängig von $\phi_{MFC,t}$ ist, ist keine Phasenverschiebung der Belastung zu berücksichtigen. Zu beachten ist, dass die N_{MFC} Patchs unabhängige Teilmodelle im FE-Modell sind und jedes Teilmodell separat durch die FEA-Software zu berechnen ist. Dies führt zu einer Verlängerung der Simulationszeit.

3.2.2 Simulation von Fahrzyklen

Die aufgezeigte Co-Simulation ermöglicht, unter Berücksichtigung des piezoelektrischen Rückkopplungseffekts, die Berechnung der Ausgangsleistung eines PEH. Ein Problem der Co-Simulation, das identifiziert wurde, ist die benötigte Simulationszeit. Die Co-Simulation basiert auf statischen Analysen der gekoppelten Teilmodelle des PEG und EHC. Die statische Analyse erfolgt als Iterationen über die Zeit Δt_{it}. Δt_{it} ist so klein zu wählen, dass sowohl σ_{MFC} als auch Q_{EHC} über t_{it} als konstant zu betrachten sind. Des Weiteren führt ein zu großer Zeitschritt Δt_{it}, durch Berechnung der Ladung Q_{EHC,t_i}, um die $Q_{MFC,t_{i+1}}$ für den nächsten Iterationsschritt zu reduzieren ist, als Integral des Stromes, zu einer zu großen Ladungsentnahme am MFC, was zu einer Instabilität der Spannung V_{MFC} führt. Damit sowohl σ_{MFC} als auch Q_{EHC} als konstant zu betrachten sind, und um auch die Stabilität von V_{MFC} in der Simulation zu gewährleisten, ist $\Delta t_{it} \approx 1\,\mu s$ zu wählen. Mit einer, durch Untersuchungen, die im Rahmen dieser Arbeit durchgeführt wurden, bestimmten Zykluszeit von $t_{zy} \approx 1\,ms$ für die Durchführung einer Iteration [45], ist für die simulierte Zeit $t_{t-Sim} = 1\,s$ mit einer Simulationsdauer von $t_{Sim} = 2,2\,h$ zu rechnen. Haupttreiber der Simulationsdauer ist die Berechnung der Lösungen der FEA. Für die Bestimmung der Ausgangsleistung des PEH von einzelnen Betriebspunkten der EM, für die der Durchlauf einer Umdrehung der EM bei entsprechender Drehzahl n_{EM} zu simulieren ist, ist dies noch zu akzeptieren. Für die Betrachtung komplexerer Zusammenhänge, wie dem Aufladeverhalten eines im EHC integrierten Zwischenspeichers oder der Abbildung einer Sensorik, bei denen zudem im Zuge der Auslegung mehrere Variationen zu simulieren sind, ergeben sich Simulationsdauern, die den gesamten Prozess der Auslegung eines PEH gefährden. Die Problematik wird verstärkt, wenn die Anforderung an die Modellierung nach der Simulation von Fahrzyklen herangezogen wird.

Wird der Ablauf der Co-Simulation betrachtet, so zeigt sich, dass die FEA die sich an den Elektroden einstellende Spannung V_{MFC} in Abhängigkeit von Q_{MFC} und σ_{MFC} berechnet. Da es sich um eine statische Analyse handelt, kann dies auch als Funktion $V_{MFC}\,(Q_{MFC}, \sigma_{MFC})$ betrachtet werden. Diese Funktion ist unabhängig von der Co-Simulation durch die FEA lösbar. Weiter ist davon auszugehen, dass im Laufe der Co-Simulation Kombinationen von Q_{MFC} & σ_{MFC} mehrfach auftreten und folglich auch berechnet werden.

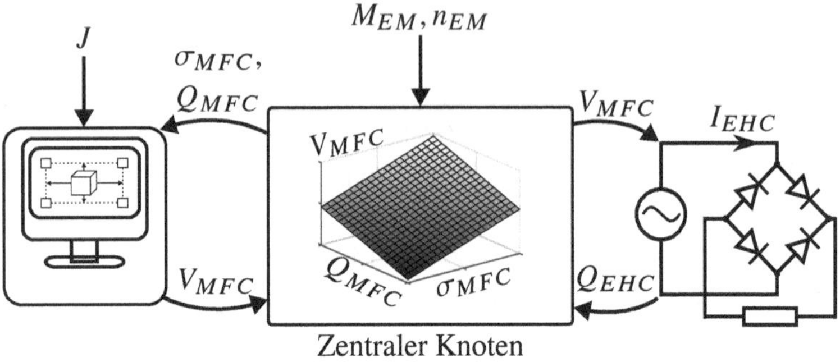

Abbildung 3.7: Aufbau der Co-Simulation mit Kennfeld

Ein zielführender Ansatz zur Reduktion der Simulationsdauer ist, die Funktion $V_{MFC}(Q_{MFC}, \sigma_{MFC})$ mit $Q_{MFC} := [Q_{MFC,min} : \Delta Q_{MFC} : Q_{MFC,max}]$ & $\sigma_{MFC} := [\sigma_{MFC,min} : \Delta\sigma_{MFC} : \sigma_{MFC,max}]$ im Bereich der auftretenden Bereiche von Q_{MFC} & σ_{MFC} unabhängig zu lösen und die Ergebnisse in den *Zentralen Knoten* zu überführen. Die Lösungen der Funktion $V_{MFC}(Q_{MFC}, \sigma_{MFC})$ werden dabei in ein zweidimensionales Kennfeld gespeichert. Im Bereich zwischen den berechneten Schritten wird V_{MFC} linear interpoliert. Abbildung 3.7 zeigt die angepasste Co-Simulation mit integriertem Kennfeld. Sowohl die Eingangsdaten in die Co-Simulation als auch die jeweiligen Ein- und Ausgangsdaten der Teilmodelle bleibt dabei identisch zu der Ausgangsvariante der Co-Simulation nach Abbildung 3.6.

Das Kennfeld bildet den PEG ab und ist entsprechend an die Systemsimulation des elektrischen Netzwerkes gekoppelt. Q_{MFC} wird wie zuvor durch den *Zentralen Knoten* in Abhängigkeit von Q_{EHC} angepasst, womit auch der piezoelektrische Rückkopplungseffekt berücksichtigt wird. Durch Verwendung des Kennfeldes ist die FEA innerhalb der Berechnung der Ausgangsleistung des PEH nicht zu lösen, womit Fahrzyklen simulierbar sind.

Da es sich bei der mechanischen Spannung σ_{MFC} um eine relative Größe bezogen auf die Fläche, auf die diese wirkt, handelt, ist das erstellte Kennfeld zudem unabhängig von den geometrischen Größen l_{MFC} & b_{MFC}, wenn auch

Q_{MFC} relativ zur Fläche angegeben ist. Dies ist durch Betrachtung des elektrischen Ersatzschaltbilds eines Piezoelements zu erklären, wobei das Element als Kondensator vereinfacht ist. Die Spannung, die sich an einem Kondensator einstellt, wenn dieser mit der Ladung Q_{cap} geladen ist, entspricht:

$$V_{cap} = \frac{Q_{cap} \times ab_{cap}}{A_{cap} \times \epsilon_{cap}} \qquad \text{Gl. 3.31}$$

in Abhängigkeit der Permittivität ϵ_{cap}, der Fläche A_{cap} und des Abstandes ab_{cap} des Kondensators. Durch die Eigenschaften des Piezo und die Angabe von Q_{MFC} & σ_{MFC} relativ zu A_{MFC}, ist $Q_{MFC} \sim A_{MFC}$ und damit unabhängig von den geometrischen Größen $A_{MFC} = l_{MFC} \times b_{MFC}$. Nur ab_{cap} und damit die Dicke des MFC ändern die sich einstellende Spannung. Wie in Abschnitt 2.2.3 ist diese nicht veränderlich. Optimierungen bedingen daher keine Neuberechnung des Kennfeldes.

3.2.3 Modellierung von Sensorsystemen

Bis hierhin ist die Modellierung des PEH und damit dessen elektrische Beschreibung nur anhand einer einfachen Last in Form eines elektrischen Widerstandes geschehen. Da die in der Arbeit präsentierte Methode darauf abzielt, einen PEH auszulegen, der ein Sensorsystem versorgt, sind die Wechselwirkungen zwischen PEH und Sensorsystem zu untersuchen.

Dazu ist das elektrische Verhalten des Sensorsystems in der Systemsimulation abzubilden. Insbesondere ist die Simulation von Fahrzyklen von Bedeutung, auf Grund der kontinuierlichen Änderung von M_{EM} und n_{EM} und der damit einhergehenden schwankenden Ausgangsleistung des PEH.

Hinzu kommt der sich anhand der Betriebsstrategie zeitlich ändernde Stromverbrauch des Sensorsystems, was in Hinblick auf den piezoelektrischen Rückkopplungseffekt an Bedeutung gewinnt, da folglich auch die entnommene Ladung Q_{EHC} zeitlich schwankt. Daher ist es nicht ausreichend, das Sensorsystem nur als konstante Last in Form eines elektrischen Widerstandes in der Simulation des elektrischen Netzwerkes abzubilden. Vielmehr ist das Sensorsystem zu unterteilen in eine Kaskadierung von Widerständen, mit denen der Verlauf des Stromflusses nachgebildet wird. Für den Sensor ist hier beispielsweise jeweils ein Widerstand für den Verbrauch im Sleep-Modus und im aktiven Messbetrieb zu integrieren. Auch die kontaktlose Datenübertragung ist so nachzubilden.

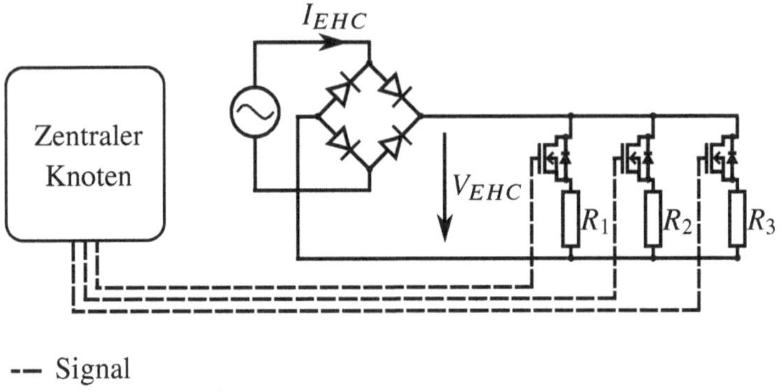

Abbildung 3.8: Systemsimulation des Sensorsystems

Abbildung 3.8 zeigt den Aufbau solch einer kaskadierten Widerstandsschaltung, wie sie in der Systemsimulation des elektrischen Netzwerkes zu implementieren ist. Den Widerständen sind jeweils ideale MOSFET vorgeschaltet, welche durch den zentralen Knoten der Co-Simulation angesteuert werden. Damit ist der Stromverbrauch des Sensorsystems nachbildbar, wodurch die Rückkopplung zum PEG an Genauigkeit gewinnt, wovon auch die Gesamtsimulation profitiert. Die einzelnen Werte der Widerstände sind anhand der Betriebsspannung des Sensorsystems und des dazugehörigem Stromverbrauchs nach dem Ohm'schen Gesetz zu berechnen.

Damit ist die Modellierung des Sensorsystems unabhängig vom betrachteten Sensortyp und von der Art der kontaktlosen Datenübertragung. Durch die Ansteuerung der MOSFET über den zentralen Knoten der Co-Simulation ist die Nachbildung einer Betriebsstrategie des Sensorsystems realisierbar. Dazu ist die Logik für diese Strategie im *Zentralen Knoten* zu hinterlegen.

Werden zudem neben dem Strom I_{EHC} weitere Größen in den *Zentralen Knoten* zurückgeführt, ist eine Betriebsstrategie, die in Abhängigkeit dieser Größen die Messfrequenz des Sensors beispielsweise anpasst, umsetzbar. Beispielhaft ist die gleichgerichtete Ausgangsspannung V_{EHC} zu nennen. Dies ist im Hinblick auf den im EHC dazugehörigen Speicher von Interesse, da dieser die Messfrequenz des Sensors sowie die Sendefrequenz der kontaktlosen Datenübertragung durch Bereitstellung der dafür benötigten Energiemenge beeinflusst. Die Kapazität des Speichers ist anhand der Anzahl der durch den Speicher abzudeckenden Mess- und Sendezyklen zu berechnen.

Mit der Abbildung des Sensorsystems inklusive dessen Betriebsstrategie ist die Modellierung und damit die elektrische Beschreibung im Rahmen der präsentierten Methode zur Auslegung und Integration eines PEH auf der Rotorwelle einer EM mit dem Ziel der Versorgung eines Sensorsystems auf dem Rotor abgeschlossen. Die elektrische Beschreibung des PEH umfasst Ansätze zur Abbildung des piezoelektrischen Rückkupplungseffekts unter Belastung durch ein elektrisches Netzwerk. Die dazu entwickelte Co-Simulation wurde zudem befähigt, Fahrzyklen mit einer simulierten Zeit von mehreren Minuten berechnen zu können. Dies ist möglich durch den neuen Ansatz der Modellierung des PEG durch ein Kennfeld. Über den *Zentralen Knoten* der Co-Simulation ist die Betriebsstrategie des Sensorsystems in Abhängigkeit von Größen der Co-Simulation integrierbar.

Mit der entwickelten Modellierung des PEH sind Simulationen durchzuführen, anhand derer die Auslegung des PEH zu evaluieren ist. Dies ist der abschließende Schritt der Methode und ist im nachfolgen Abschnitt beschrieben.

3.3 Simulation und Evaluation

Nach Auslegung des PEH und Modellierung des elektrischen Verhaltens durch eine Co-Simulation schließt die Methode mit der Simulation und Evaluation des Gesamtsystems, bestehend aus PEH und Sensorsystem, ab.

Unter Simulation des Gesamtsystems wird der Durchlauf der Co-Simulation für einen gegebenen Satz an Eingangsparametern verstanden. Eingangsparameter sind M_{EM} und n_{EM} und die Betriebsstrategie des Sensorsystems. Die Vorgabe von M_{EM} und n_{EM} erfolgt entweder als statischer Betriebspunkt oder in Form von Fahrszenarien, wie dem Worldwide harmonized Light vehicles Test Procedure (WLTP).

Auf Grundlage der Ergebnisse der Simulation erfolgt die Evaluation. Eine Evaluation ist gleichbedeutend mit der Bewertung eines Sachverhaltes. Eine Bewertung erfolgt auf Basis des Abgleichs eines oder mehrerer Kennwerte. Ziel der Evaluation ist es, durch Aufstellen der Kennwerte und Vergleichen dieser Optimierungspotenziale für die Auslegung des Gesamtsystems zu identifizieren. Die in diesem Kapitel präsentierte Methode dient der Auslegung eines PEH, um mit diesem ein vorgegebenes Sensorsystem zu versorgen. Somit ist der Hauptkennwert, auf den sich die Evaluation bezieht, das Erreichen der Zielspezifikationen des Sensorsystems unter der Vorgabe einer Betriebsstrategie. Anhand dieses Kennwertes ist der gesamte Prozess der Auslegung eines PEH zu bewerten. Der Prozess der Evaluation ist in dieser Arbeit unterteilt in die Evaluation der mechanischen Systemauslegung und der des PEH.

3.3.1 Evaluation der mechanischen Systemauslegung

Die mechanische Systemauslegung nach Abschnitt 3.1 dient der Bereitstellung der am PEG wirkenden mechanischen Lasten, auf Basis der Auslegung der Rotorwelle und Bestimmung des Unwuchzustandes der Welle. Somit beeinflusst die mechanische Systemauslegung die durch den PEG sammelbare Energie. Daher betrachtet die Evaluation in diesem Bereich die Parameter der Auslegung, die den Betrag der am PEG wirkenden mechanischen Lasten beeinflussen. Die Geometrie der Rotorwelle ist berechnet anhand der durch das Material der Welle maximal ertragbaren mechanischen Spannung. Somit ist eine Erhöhung der am PEG wirkenden mechanischen Last nicht möglich. Das Einfügen eines Absatzes zur Reduzierung der Kerbwirkung an den Stellen von Durchmessersprüngen erhöht gegebenenfalls den Durchmesser der Wellenenden, auf denen der PEG platziert ist, im Zuge der iterativen Bestimmung des notwendigen Durchmessers des Absatzes nach Gl. 3.11. Wird der Durchmesser erhöht, sinkt die mechanische Last am PEG im Vergleich zu der mit dem minimal erforderlichen Durchmesser der Welle. Durch Vergleichen des erhöhten Durchmessers mit dem des minimal erforderlichen Durchmessers des Wellenendes nach Gl.

3.7 ist der erste Kennwert der Evaluation $K_{Ev,1}$ definiert.

$$K_{Ev,1} = \frac{d_{min}}{d} \text{ mit } d \in \left[d_{li_{1,1}}; d_{re_{1,2}}\right] \qquad \text{Gl. 3.32}$$

In Hinblick auf die Maximierung der mechanischen Belastung der Welle ist $K_{Ev,1} = 1$ anzustreben. Die am PEG wirkenden Lasten sinken mit kleiner werdendem $K_{Ev,1}$. Der in der Methode enthaltene Prozess zur Auslegung der Rotorwelle sieht neben der Auslegung einer Vollwelle auch die einer Hohlwelle vor. Durch Vergleichen von $K_{Ev,1}$ der Voll- und Hohlwelle ist das Konzept zu identifizieren, das aus Sicht der PEH-Auslegung zu bevorzugen ist. Dieses zeichnet sich durch den höheren $K_{Ev,1}$ Kennwert aus. $K_{Ev,1}$ ermöglicht auch den Vergleich verschiedener Rotorkonzepte, wobei d_{min} maßgeblich von M_{EM} abhängig ist und damit $K_{Ev,1}$ von einem kleinen Innendurchmesser des aktiven Rotorbereichs $d_{a,aktive}$ profitiert.

3.3.2 Evaluation des elektrischen Verhaltens des piezoelektrischen Energy-Harvesters

Die Evaluation des PEH verwendet die Ergebnisse der Co-Simulation. Aus der Simulation stehen als Ergebnisse die zeitlichen Verläufe der folgenden Größen zur Verfügung:

- Spannung am elektrischen Speicher V_{in}
- Ausgangsspannung des PEH V_{out}
- Ausgelöste Messzyklen

Die Ausgangsspannung V_{out} ist die für das Sensorsystem geregelte Spannung am Ausgang des DC/DC-Wandlers des EHC. Hier wird in der Evaluation der Zeitpunkt bestimmt, an dem V_{out} erstmalig die gewünscht Spannungslage erreicht.

$$K_{Ev,2} = t_{V_{out}} \qquad \text{Gl. 3.33}$$

Ab diesem Zeitpunkt ist der μC des Sensorsystems versorgt, auf dem die Betriebsstrategie des Sensorsystems hinterlegt ist. Dies ist für eine ereignisgesteuerte Betriebsstrategie von Bedeutung, da hier der μC aktiv die Parameter, die einen Messzyklus auslösen, überwachen muss. Wie in Abschnitt 2.1.3 dargelegt, entsteht der Hauptverbrauch des Sensorsystems durch das Senden und

Empfangen von Daten. Für eine optimierte Nutzung der durch den PEH zur Verfügung gestellten Energie ist das Senden und der Empfang von Daten zu minimieren. Dazu ist das Zwischenspeichern der Messdaten des Sensors auf dem μC notwendig. Ist solch eine Betriebsstrategie vorgesehen, können Varianten des PEH durch $K_{Ev,2}$ miteinander verglichen werden. Des Weiteren erfolgt die Bestimmung des Zeitpunktes, zu dem der elektrische Speicher über ausreichend Energie verfügt, um einen Messzyklus des Sensorsystems zu versorgen. Ein Messzyklus umfasst das Durchführen einer Messung durch den Sensor sowie das Durchlaufen eines Sende-Empfangszyklus.

$$K_{Ev,3} = t_{V_{in,Mess}} \qquad \text{Gl. 3.34}$$

Der Zeitpunkt wird anhand der Spannung am elektrischen Speicher V_{in} bestimmt. Da als Speicher ein Kondensator eingesetzt wird, ist V_{in} linear abhängig von der im Kondensator gespeicherten elektrischen Ladung. Im Betrieb der EM ist davon auszugehen, dass der μC nicht dauerhaft durch den PEH versorgt wird. Daten, die beim Einbruch von V_{out} nicht versendet worden sind, gehen verloren. Die Bereitstellung von $V_{in,Mess}$ gewährleistet somit die Absicherung der Daten des Sensors und folglich auch der auf diesen Daten basierenden Funktionen. Folglich ist $K_{Ev,3}$ ein Kennwert, der die Umsetzbarkeit eines Sensorsystems beeinflusst.

Allgemein sind $K_{Ev,2}$ und $K_{Ev,3}$ direkt von der Ausgangsleistung des PEG abhängig. Somit lässt sich die Eignung des PEH für verschiedene Fahrszenarien vergleichen. Im Zuge einer Optimierung der Parameter des PEG ist eine Verbesserung eingetreten, bei Reduktion von $K_{Ev,2}$ und $K_{Ev,3}$.

Die Betriebsstrategie des Sensorsystems definiert, unter welchen Randbedingungen und mit welcher Messfrequenz das Sensorsystem arbeitet. Aus der Vorgabe der Betriebsstrategie ist die Anzahl an Soll-Messzyklen N_{Soll} zu bestimmen. Mit den Ergebnissen der Simulation ist dieser Wert den durchgeführten Messzyklen N_{Ist} gegenüber zu stellen.

$$K_{Ev,4} = \frac{N_{Ist}}{N_{Soll}} \qquad \text{Gl. 3.35}$$

Für die Optimierung des Zusammenspiels von PEH und Sensorsystem ist $K_{Ev,4} = 1$ anzustreben. Eine Möglichkeit der Optimierung ist die Anpassung der Betriebsstrategie anhand der schwankenden Leistung des PEH. So ist das Ausführen von Messzyklen in Bereiche mit hoher Ausgangsleistung des PEH zu legen. Da die Betriebsstrategie von der Funktion abhängig ist, die auf Basis der Messwerte des Sensorsystems realisiert wird, ist eine Grenze für $K_{Ev,4}$ zu definieren. Wird diese Grenze unterschritten, so ist eine Umsetzung des Sensorsystems mit einem PEH nicht möglich.

4 Simulative Untersuchungen

Der Fokus dieser Arbeit liegt auf der Entwicklung einer Methode zur Auslegung eines PEH, der auf der Rotorwelle einer EM platziert ist. Der PEH dient der Versorgung eines Sensorsystems. Dieses energieautarke Sensorsystem ermöglicht das Umsetzen neuartiger Funktionen, die sich auf diese Sensordaten stützen. Nachdem die entwickelte Methode zur Auslegung solch eines PEH vorgestellt wurde, folgen simulative Untersuchungen auf Basis der in der Methode vorgestellten Modellierung des PEH. Die nachfolgend durchgeführten Untersuchungen dienen zunächst der Validierung der in Kapitel 3 aufgezeigten Co-Simulation. Des Weiteren wird der Anwendungsbereich aufgezeigt, in dem das Modell gültig ist.

Nach der Validierung des Modells folgen Untersuchungen, die die in Abschnitt 2.4 analysierten Energiequellen des PEH betreffen. Analysiert wird die durch den PEH sammelbare Energie der einzelnen Energiequellen. Dazu wird eine Worst-Best-Case-Betrachtung durchgeführt, wobei der Best-Case der maximalen mechanischen Belastung der Rotorwelle entspricht. Da es sich bei einigen Mechanismen der Energiequellen um statistisch ermittelte Werte handelt, ist ein Worst-Case zu untersuchen, indem keine dieser Lasten auftreten, um die Versorgung des Sensorsystems abzusichern.

Nach Betrachtung der Energiequellen des PEH folgt die Konfiguration des PEH. Dies betrifft insbesondere den PEG und die darin enthaltenen MFC-Patchs. Untersucht wird, wie sich die Anzahl und Verschaltung der Patchs auf die Ausgangsleistung des PEH auswirkt.

4.1 Validierung des Simulationsmodells

Die Co-Simulation ist in dieser Arbeit in ANSYS Mechanical APDL 2021R2 für die FEM, MATLAB 2021b für den *Zentralen Knoten* und MATLAB 2021b

L. Brandl, *Auslegung und Integration eines piezoelektrischen Energy-Harvesters zur Versorgung von Sensoren auf Rotoren elektrischer Maschinen*,
Wissenschaftliche Reihe Fahrzeugtechnik Universität Stuttgart,
https://doi.org/10.1007/978-3-658-50106-8_4

unter Verwendung von Simulink/Simscape für die Systemsimulation des elektrischen Netzwerkes aufgebaut. Die Simulation eines PEG unter Verwendung von ANSYS Mechanical APDL validiert Li et al. [60] in seiner Arbeit durch Vergleichen der simulativen Ergebnissen mit Messungen aus einem entsprechenden Laborversuch.

Die Berechnung der Ausgangsleistung eines PEG, der einen MFC verwendet, auf Basis einer analytischen Funktion nach Abschnitt 2.2.4 zeigt Micek et al. [70] in seiner Arbeit. Auch hier werden die berechneten Werte anhand von Laborversuchen validiert. Somit ist eine grundsätzliche Simulation eines PEG sowohl in ANSYS Mechanical APDL 2021R2 als auch dargestellt durch analytische Funktion nachgewiesen. Dieses Wissen wird angewandt, um die Co-Simulation zu validieren. Dazu wird ein PEG bestehend aus einem MFC-Patch auf drei Arten modelliert und die Ergebnisse werden ausgewertet. Verglichen wird die Modellierung als reine FEM, die analytische Funktion in Form einer Zustandsraumdarstellung und die Co-Simulation mit Kennfeld anstelle des PEG. Der PEG wird mit der mechanischen Spannung $T_1 = 1 \times \sin\left(2\pi f_{T_1} t\right)$ beaufschlagt, wobei f_{T_1} variiert wird. Zusätzlich ist an den PEG eine elektrische Last in Form eines Widerstandes $R_L = 1\,k\Omega$ angeschlossen. Die Ergebnisse der durchgeführten Berechnung zeigt Tabelle 4.1. Aufgezeigt ist der sich am

Tabelle 4.1: Ergebnisse der Validierung

	Frequenz in Hz			
	50	100	200	400
FEM	0,07207 V	0,1440 V	0,2871 V	0,5666 V
Analytisch	0,07208 V	0,1440 V	0,2870 V	0,5668 V
Co-Simulation	0,07208 V	0,1440 V	0,2871 V	0,5668 V
max. Abweichung in %	+0,013	0	-0,035	+0,035

Widerstand einstellende Maximalwert der Amplitude der Wechselspannung. Untersucht wurde der für die Arbeit relevante Frequenzbereich bis 400 Hz. Dies ist die maximale Frequenz einer mechanischen Anregung, die im Rahmen dieser Arbeit betrachtet wird. Die Ergebnisse zeigen eine maximale Abweichung von 0,035 % zueinander. Diese Abweichung ist auf Rundungsvorgänge innerhalb der Modelle zurückzuführen. Da die Co-Simulation die gleichen Ergebnisse wie die validierten Modellierungsansätze der FEM [60] und der analytischen Funktion [70] berechnet, ist die Co-Simulation durch diesen Vergleich validiert.

4.2 Harmonische Analyse des piezoelektrischen Generators

Die in Abschnitt 3.2 vorgestellte Co-Simulation des PEH wurde weiterentwickelt durch das Einführen eines Kennfeldes zur Abbildung des PEG. Dies dient der Reduktion der Simulationsdauer. Das Frequenzverhalten eines PEG weist Resonanzfrequenzen bezüglich der entstehenden elektrischen Spannung auf [34]. Solche Resonanzereignisse können durch ein Kennfeld nicht abgebildet werden. Diese beschränken sich auf lineares Verhalten des Systems.

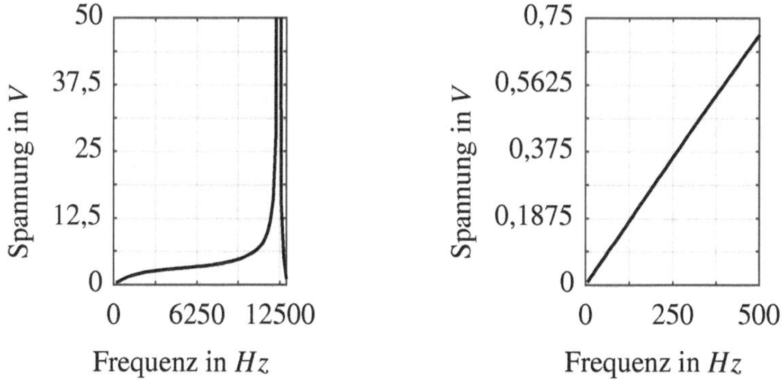

Abbildung 4.1: Frequenzabhängigkeit der PEG-Ausgangsspannung

Abbildung 4.1 zeigt die harmonische Analyse eines MFC-Patch mit den Abmaßen $l_{MFC} \times b_{MFC} = 45\,mm \times 30\,mm$, das durch eine mechanische Last von $T_1 = 1\,MPa \times \sin\left(2\pi f_{T_1} t\right)$ angeregt wurde. Als elektrische Last ist ein Widerstand $R_L = 1\,k\Omega$ angeschlossen. Durchlaufen wurde die harmonische Analyse in einem Frequenzbereich von $f_{T_1} := [0 : 5 : 12500]\,Hz$. Wie die Ergebnisse zeigen, weist diese Konfiguration eine Resonanz bei $f_{T_1} = 12000\,Hz$ auf, links in Abbildung 4.1 dargestellt. Der für diese Arbeit relevante Frequenzbereich bis 400 Hz, dargestellt rechts in Abbildung 4.1, weist jedoch ein annähernd lineares Verhalten auf, wie es für das Kennfeld erforderlich ist. Die Co-Simulation mit Kennfeld ist somit bis zu dieser Frequenz valide. Anregungsfrequenzen über diesem Bereich sind nicht durch ein Kennfeld abbildbar.

4.3 Konfigurationen des piezoelektrischen Generators

Mit der vorangegangenen Validierung der Co-Simulation und Definition des Anwendungsbereichs bezogen auf die Anregungsfrequenzen folgen simulative Untersuchungen auf Basis der Co-Simulation. Ziel ist die Maximierung der Ausgangsleistung des PEH durch das Schaffen eines Verständnisses für die Wirkweise des PEH. Ein Aspekt hierbei ist die Konfiguration des PEG. Dieser besteht aus $N_{MFC,t}$ MFC-Patchs für Torsionsbelastung und $N_{MFC,b}$ Patchs für Biegebelastung auf den Wellenenden. Untersucht wird, wie sich die Anzahl der Patchs auf die erzielte Ausgangsspannung auswirkt, sowie deren elektrische Verschaltung miteinander. Betrachtet wird die gleichgerichtete Spannung des PEG, da das Sensorsystem eine gleichgerichtete Spannung benötigt und somit diese Größe relevant für die Auslegung und Bewertung ist. Für die Gleichrichtung wird ein Brückengleichrichter in der Systemsimulation des elektrischen Netzwerkes erstellt. Dieser besteht aus Dioden mit einer Durchbruchspannung von 0,2 V [61]. Zunächst wird die Konfiguration von MFC_b und MFC_t separat betrachtet.

4.3.1 MFC$_b$-Patchs

Für den Vergleich der Konfigurationen von MFC$_b$-Patchs wird ein Hochlauf der Anregungsfrequenz untersucht mit einer Endfrequenz der Biegespannung nach $t = 0,5\,s$ von $f_{T_1} = 10\,Hz$ mit $T_1 = 1\,MPa \times \sin\left(2\pi f_{T_1} t\right)$. Ausgewertet wird die sich einstellende Leerlaufspannung am Ausgang des Brückengleichrichters. Die im Rahmen dieser Arbeit entwickelte Methode beschränkt die Anzahl der MFC-Patchs, die durch die Biegespannung beansprucht werden, auf

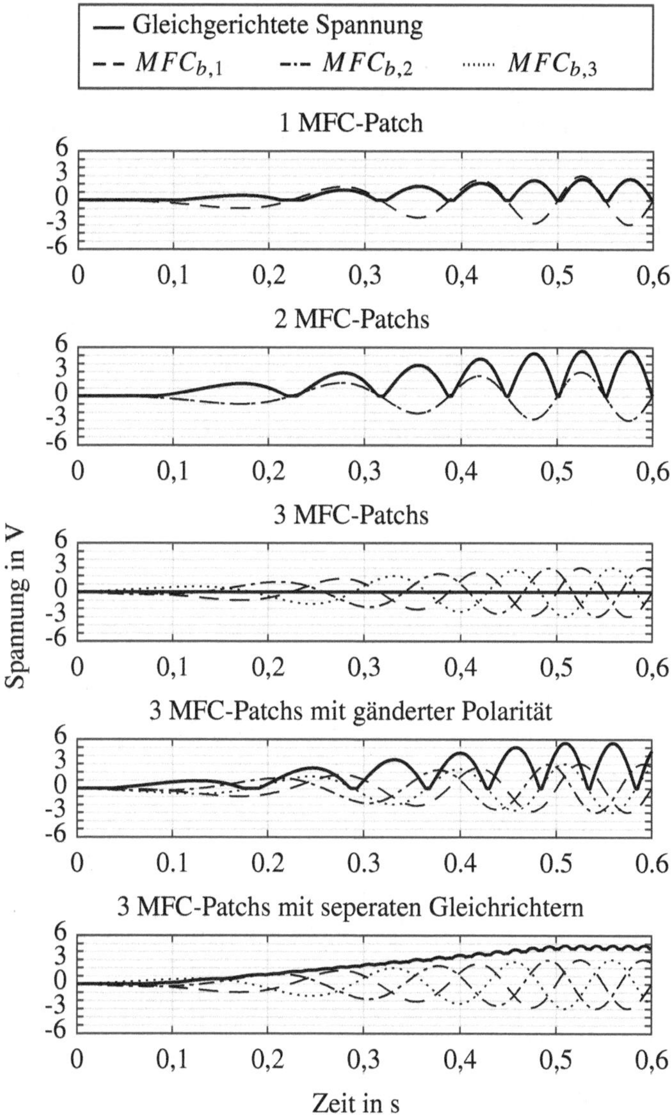

Abbildung 4.2: Vergleich verschiedener Verschaltungskonfigurationen für die MFC_b-Patchs

drei. Daher werden Simulationen mit einem bis drei MFC-Patchs durchgeführt. Die Ergebnisse zeigt Abbildung 4.2. Dargestellt sind fünf Konfigurationen mit den jeweiligen elektrischen Spannungen am MFC und der gleichgerichteten Leerlaufspannung. Beginnend mit einem MFC folgt die gleichgerichtete Spannung der MFC-Spannung mit der durch die Dioden bedingten Reduktion der Amplitude um die doppelte Durchbruchspannung. Die Frequenz der Leerlaufspannung ist dabei $f_{Leer} = 2 \times f_{T_1}$. Die Durchbruchspannung wird erreicht nach einer Zeit von $t = 0,106\,s$.

Wird die Konfiguration mit zwei seriell verschaltenen MFC betrachtet, so verlaufen die mechanischen Spannungen der Patchs um 180° phasenverschoben. Wird die Polarität eines der Patchs invertiert, so wird eine Phasenverschiebung der elektrischen Spannung um 180° erreicht [34]. Die Leerlaufspannung ergibt sich aus der Addition der Einzelspannungen abzüglich der doppelten Durchbruchspannung. Wie der Verlauf der Leerlaufspannung zeigt, wird die Durchbruchspannung der Dioden früher erreicht, bei $t = 0,083\,s$. f_{Leer} bleibt bezogen auf die erste Konfiguration gleich.

Das Hinzufügen eines weiteren Patch führt zu einer Phasenverschiebung zwischen den Spannungen der MFC von 120°. Wie Abbildung 4.2 im dritten Diagramm zeigt, führt dies in der betragsmäßigen Addition der drei Einzelspannungen der MFC jedoch zu einer Gesamtspannung von $0\,V$. Somit ist die Konfiguration mit drei MFC-Patchs nicht geeignet.

Wird die Polarität eines der drei MFC-Patchs jedoch um 180° gedreht, so löschen sich die einzelnen Spannungen in der Addition nicht mehr aus und die Leerlaufspannung, wie im vierten Diagramm gezeigt, stellt sich ein. Die Durchbruchspannung wird nach $t = 0,038\,s$ erreicht und ist damit nochmals reduziert im Vergleich zur Konfiguration mit zwei MFC-Patchs. Die Amplitude und Frequenz der Leerlaufspannung ist nach Erreichen der Endfrequenz identisch zu der Konfiguration mit zwei MFC-Patchs.

Die fünfte Konfiguration der Untersuchung ist eine Erweiterung der Konfiguration mit drei MFC-Patchs. Hier ist jeder MFC-Patch mit einem eigenen Brückengleichrichter verschaltet, welche parallel verschaltet sind. Die Leerlaufspannung ist die Addition der zwei gleichgerichteten Spannungen, deren MFC-Patch zu diesem Zeitpunkt die positivste und negativste Spannung aufweisen abzüglich der vierfachen Durchbruchspannung. Diese wird erreicht nach $t = 0,07\,s$ und liegt somit zwischen der zweiten und vierten Konfiguration. Wie der Verlauf der Abbildung 4.2 für diese Konfiguration veranschaulicht, ist die Leerlaufspannung deutlich geglättet. Die Frequenz ist gesteigert auf $f_{Leer} = 6 \times f_{T_1}$, mit einer leichten Reduktion der maximal erreichten Spannung, bedingt durch den vierfachen Abfall der Durchbruchspannung.

Als Ergebnis der Untersuchung der Konfigurationen für die MFC_b-Patchs ist festzustellen, dass aus Sicht der maximalen Ausbeute der elektrischen Energie die fünfte Konfiguration zu wählen ist. Zudem ist diese Konfiguration um weitere MFC-Patchs erweiterbar. Der Zugewinn an gesammelter Energie reduziert sich jedoch, wenn weitere MFC-Patchs hinzugefügt werden. Die Konfiguration mit zwei MFC-Patchs bietet den besten Kompromiss aus gewonnener Energie zu Komplexität, wodurch die Kosten des Gesamtsystems PEH minimiert werden.

4.3.2 MFC_t-Patchs

Für die Konfiguration der MFC_t-Patchs sind keine gesonderten Untersuchungen notwendig, da die Torsionsspannung, durch die die MFC_t-Patchs belastet werden, konstant über die Länge und den Umfang der Rotorwelle ist. Damit ergibt sich keine Phasenverschiebung zwischen den Patchs und diese sind seriell zu verschalten. Dadurch addieren sich die Einzelspannungen der MFC_t-Patchs.

Wird eine Konfiguration bestehend aus MFC_b- & MFC_t-Patchs realisiert, ist für jede Art der Belastung mindestens ein Gleichrichter vorzusehen. Die Gleichrichter von MFC_b & MFC_t sind parallel zu verschalten.

4.4 Worst-Best-Case-Untersuchung der Ausgangsleistung des piezoelektrischen Energy-Harvesters

In Abschnitt 2.4 sind die potenziellen Energiequellen des PEH analysiert worden. Energiequellen sind Mechanismen und Vorgänge in der EM, die zu einer mechanischen Belastung der Rotorwelle in Form von Biege- oder Torsionsspannung führen. Es wird untersucht, welche durchschnittliche Leistung der PEH aus diesen Energiequellen generiert.

Grundlage der Untersuchung sind wie zuvor Simulationen mit der in Kapitel 3 vorgestellten Co-Simulation. Da mit den an einer Rotorwelle wirkenden Kräften zu simulieren ist, muss zunächst eine Welle definiert werden. Hierzu wird der Teil der mechanischen Systemauslegung nach Abschnitt 3.1 der präsentierten Methode durchlaufen. Ausgangspunkt sind die in Tabelle 4.2 aufgelisteten Daten der EM des Bayerische Motorenwerke AG (BMW) i3, die durch eine Vielzahl an wissenschaftlichen Publikationen rund um diese EM zur Verfügung stehen.

Tabelle 4.2: Daten der EM und des Fahrzeugs BMW i3 nach [40], [71], [88]

Beschreibung	**Größe**	**Einheit**
Zieldrehmoment der EM M_{soll}	250	Nm
maximale Drehzahl der EM n_{max}	11400	$1/min$
Masse Rotor m_{Rotor}	14,2	kg
Außendurchmesser aktiver Bereich Rotors $d_{A,aktive}$	178,6	mm
Innendurchmesser aktiver Bereich Rotors $d_{a,aktive}$	59,78	mm
Länge aktiver Bereich Rotors l_{aktive}	132,2	mm
Getriebeübersetzung i_G	9,665:1	-
Radradius r_{Rad}	0,5811	m
Fahrzeugmasse m_F	1205	kg

Zusätzlich zu den Daten aus Tabelle 4.2 ist für das Durchlaufen der mechanischen Systemauslegung der Winkel der Zahnflanke des Abtriebsritzels zu definieren. Hierzu wird die DIN 867 [29] herangezogen. Nach DIN 867 ist für solch eine Verzahnung ein Winkel von $\varphi_{Ritzel} = 20°$ zu wählen. Für die Simulation mittels der Co-Simulation sind Vorgaben für M_{EM} und n_{EM} zu treffen. Da sich diese Arbeit auf EM bezieht, die als Traktionsmaschinen in Pkw eingesetzt werden, ist die Vorgabe durch standardisierte Prüfzyklen, die jede EM durchlaufen muss, möglich. In dieser Arbeit findet der WLTP Anwendung, auf dessen Grundlage M_{EM} und n_{EM} als Eingang in die Co-Simulation

Tabelle 4.3: Daten der mechanischen Systemauslegung für die EM des BMW i3

Rotorwelle			MFC		
Variable	Größe	Einheit	Variable	Größe	Einheit
l_{li}	[45;20]	mm	$l_{MFC,b}$	45	mm
d_{li}	[29,78;32,78]	mm	$b_{MFC,b}$	15	mm
l_{re}	[20; 45]	mm	$l_{MFC,t}$	45	mm
d_{re}	[23,28;17,15]	mm	$b_{MFC,t}$	30	mm

abgeleitet werden. Da der WLTP auf Basis von realen Fahrdaten entwickelt worden ist, lassen sich die erzielten Simulationsergebnisse auf die Anwendung im Fahrzeug übertragen. Zudem sind die Ergebnisse von verschiedenen EM durch Verwendung des WLTP zur Vorgabe von M_{EM} und n_{EM} vergleichbar. Aus dem WLTP sind für diese Untersuchung drei Szenarien ausgewählt worden. Deren Geschwindigkeits- und Beschleunigungsprofil sind in Abbildung 4.3 dargestellt. Durch die Reduktion des WLTP auf diese Szenarien ist eine detailliertere Analyse der Energiequellen erreichbar. Szenario 1 beschreibt eine langsame Fahrt mit einer Geschwindigkeit von maximal 50 km/h. Dieses Szenario stellt durch das Beschleunigungsprofil eine Kombination aus hohem M_{EM} und niedrigem n_{EM} dar. Im Gegensatz dazu ist Szenario 2 gewählt, das eine Konstantfahrt mit 90 km/h dargestellt. Durch die konstante Geschwindigkeit ist M_{EM} gering. Um die Untersuchung abzuschließen, wird ein Szenario gewählt, welches sowohl hohe M_{EM} als auch hohe n_{EM} abbildet. Dies ist in Szenario 3 gegeben. Das Szenario beschreibt eine Beschleunigung aus dem Stand bis zu einer Endgeschwindigkeit von 120 km/h. Die Umrechnung der Fahrzeuggeschwindigkeit v_F und Beschleunigung a_F in M_{EM} und n_{EM} mit den in Tabelle 4.2 aufgeführten Daten ist gegeben durch:

$$M_{EM} = \frac{m_F \times a_F \times r_{Rad}}{i_G} \; in \, Nm \qquad \text{Gl. 4.1}$$

$$n_{EM} = \frac{v_F \times i_G}{2\pi \times r_{Rad}} \times \frac{1000}{60} \; in \; 1/min \qquad \text{Gl. 4.2}$$

Mit den drei Szenarien wird eine PEH Konfiguration mit einem MFC-Patch simuliert. Untersucht wird die Ausgangsspannung des Brückengleichrichters,

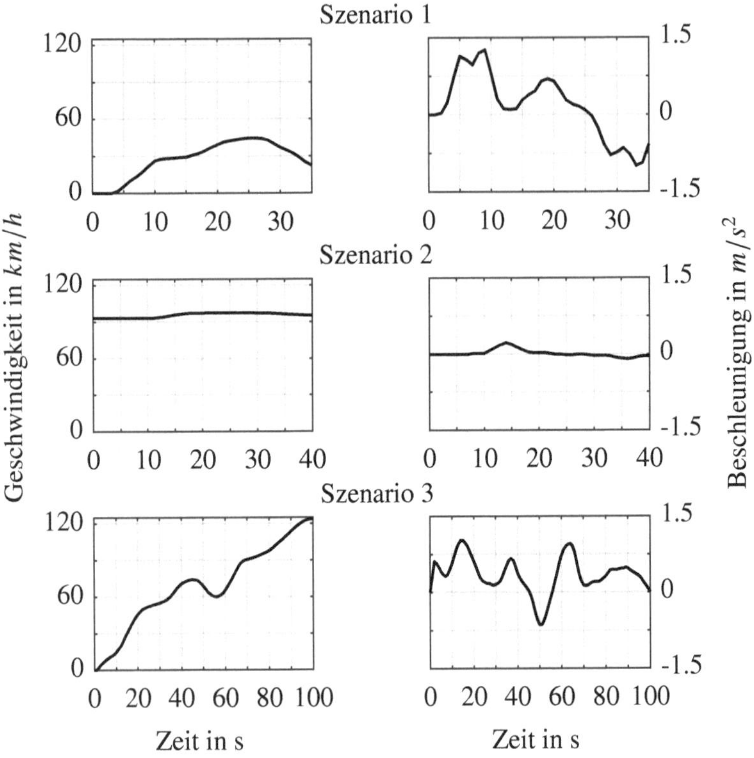

Abbildung 4.3: Untersuchte Fahrzyklen aus dem WLTP

der mit einer Last von $R_L = 1\,k\Omega$ belastet wird sowie die an R_L abfallende durchschnittliche Leistung über den Verlauf des betrachteten Szenarios.

4.4.1 Worst-Case-Betrachtung

In der Worst-Case-Betrachtung wird die Rotorwelle nur durch solche Lasten beaufschlagt, die auch in einem idealen Rotor auftreten. Somit stellt dieser Fall die geringste Belastung der Rotorwelle dar und folglich die geringste durch den PEH sammelbare Energie. Die Energie, die in diesem Fall durch den PEH

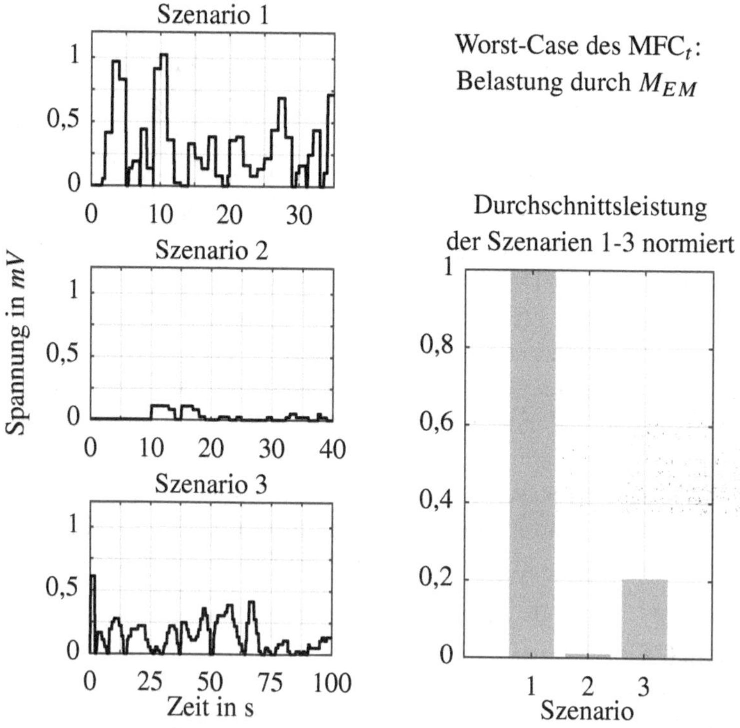

Abbildung 4.4: Ergebnisse der simulativen Untersuchung zur Torsion

bereitgestellt wird, ist als gesichert für die Versorgung des Sensorsystem zu betrachten.

Begonnen wird mit der Simulation eines MFC_t-Patch, der durch die Torsion, hervorgerufen aus dem übertragenen Moment M_{EM}, belastet wird. Die Torsion der Rotorwelle ist unabdingbar im Betrieb einer EM, da deren zentrale Aufgabe die Wandlung elektrischer in mechanische Energie durch Erzeugen von M_{EM}, ist. Abbildung 4.4 zeigt die Ergebnisse der Simulation der drei Szenarien. Dargestellt ist zum einen der Verlauf der an R_L abfallenden Spannung, zum anderen die durchschnittliche Leistung, die der PEH liefert. Die durchschnittliche Leistung ist für einen besseren Vergleich auf die erzielte höchste durchschnittliche Leistung normiert. Mit dem direkten Zusammenhang der aus dem WLTP vorgegebenen Beschleunigung der Fahrzeuges a_F zu dem von der EM dafür zu erzeugenden Drehmoment M_{EM} zeigt sich, wie zu erwarten, Szenario 2 als jenes mit der geringsten erzielten Durchschnittsleistung. Wird in Abbildung 4.4 der Verlauf der Spannung für die reine Belastung durch M_{EM} betrachtet, so ist festzustellen, dass dieser in Stufen verläuft. Wird dem Verlauf der Spannung dem der Beschleunigung gegenüber gestellt, zeigt sich, dass der Verlauf der Spannung im direkten Zusammenhang mit der Steigung der vorgegebenen Beschleunigung steht. Durch den lokal linearen Verlauf von M_{EM}, was einer Anregungsfrequenz von $0Hz$ entspricht, ist die Belastung am MFC als eine Abfolge von statischen Belastungen zu betrachten. Aus der linearen Steigerung der mechanischen Belastung wird so ein konstanter Ladungsstrom erzeugt. Durch die Belastung des PEH mit einem Widerstand führt der konstante Ladungsstrom zu einer konstanten Spannung, welche am Widerstand abfällt, womit der stufenförmige Verlauf der Spannung zu erklären ist. Aus dem Vergleich von Szenario 1 und 3, anhand der normierten Durchschnittsleistung, ist zu erkennen, dass höhere Werte von n_{EM} keinen Einfluss auf die Durchschnittsleistung haben.

Für den MFC$_b$ ist die Worst-Case-Betrachtung eine Belastung der Rotorwelle aus der durch die Übertragung von M_{EM} am Ritzel des Antriebs hervorgerufene Radialkraft F_{rad}. Für die Simulation wird auch hier der PEG mit einer Konfiguration von einem MFC-Patch gewählt. Die Abmaße des MFC$_b$-Patch aus der mechanischen Systemauslegung sind Tabelle 3.1 zu entnehmen. Der PEH ist am Ausgang des Brückengleichrichters mit einer Last von $R_L = 1k\Omega$ belastet. In den in Abbildung 4.5 gezeigten Ergebnissen der Simulation ist bei der Betrachtung der an R_L abfallenden Spannung eine deutliche Erhöhung der Amplitude und Frequenz zu verzeichnen, im Vergleich zu der ersten Untersuchung des MFC$_t$ nach Abbildung 4.4. Wie bei der Untersuchung zu MFC$_t$ ist auch in diesem betrachteten Fall das Szenario 2 das Szenario mit der geringsten Durchschnittsleistung. Der Spannungsverlauf von Szenario 1 legt dar, dass auch im Falle von MFC$_b$ die Ausgangsspannung in Relation zur Beschleunigung zu setzen ist. Die Beschleunigungsspitzen bei $t = 7,5\,s$, $t = 18\,s$ und $t = 30\,s$ zeichnen sich in der Spannung ab. Die durch F_{rad} hervorgerufene Biegespannung in der Rotorwelle wirkt auf den MFC$_b$ als Wechsellast mit einer Frequenz von n_{EM}. Da die Ausgangsspannung eines PEG auch von der

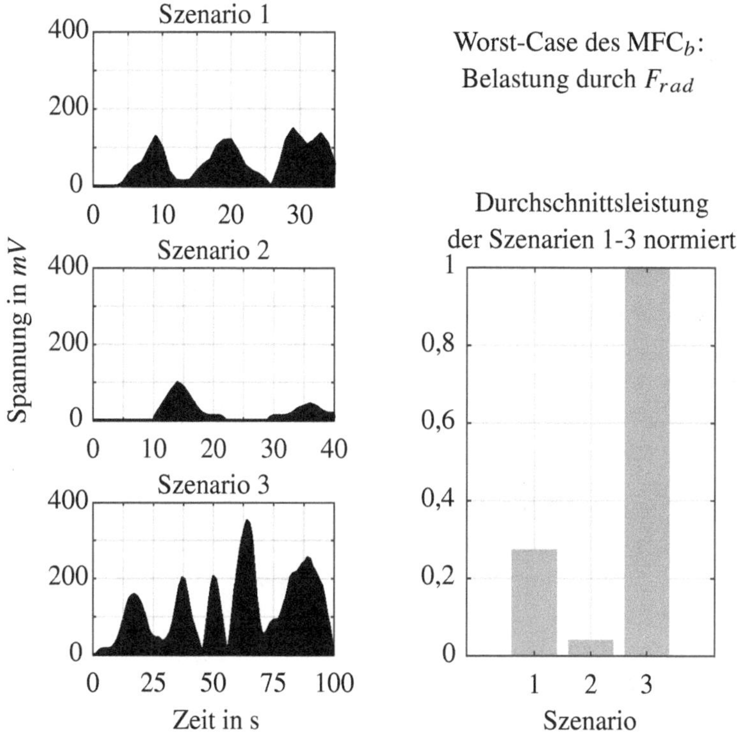

Abbildung 4.5: Ergebnisse der simulativen Untersuchung zur Belastung durch F_{rad}

Frequenz abhängt, wie in Abschnitt 4.2 gezeigt, erzielt Szenario 3 die höchste Durchschnittsleistung.

Aus der Worst-Case-Betrachtung von MFC_t und MFC_b geht hervor, dass durch MFC_b eine höhere Durchschnittsleistung vom PEH erzeugt wird. Ein Grund dafür ist die Frequenz der Belastungen, die auf MFC_t und MFC_b wirken. Zudem ist das Wellenende, auf dem das MFC_t-Patch zu platzieren ist, für die kombinierte Last aus Biegung und Torsion ausgelegt. Daher ist der Durchmesser des Wellenendes größer als er bei der Auslegung nach reiner Torsion wäre. Dies führt zu einer Reduktion der Oberflächenspannung, der das MFC_t-Patch ausgesetzt ist. Für MFC_b ist keine kombinierte Last für die Auslegung zu berücksichtigen. Beide Varianten zeigen eine direkte Abhängigkeit der erzeugten Durchschnittsleistung von M_{EM}. Für die Versorgung eines Sensorsystems sind Szenarien mit geringen M_{EM} als kritisch zu betrachten.

4.4.2 Best-Case-Betrachtung

Die mechanischen Belastungen aus der Worst-Case-Betrachtungen werden erweitert um jene Lasten, die nur am nicht idealen Rotor auftreten. Analysiert wird, wie diese Belastungen die vom PEH erzeugte Leistung steigern im Vergleich zu der Worst-Case-Betrachtung. Die Konfiguration des PEH bleibt unverändert zur Worst-Case-Betrachtung. Selbiges gilt für das elektrische Netzwerk, das an den PEG angeschlossen ist.

Ausgehend von der Untersuchung des MFC_t, der durch M_{EM} belastet ist, erfolgt die erste Best-Case-Betrachtung. Wie in Abschnitt 2.4.5 beschrieben, kommt es zu Schwankungen des erzeugten M_{EM}. Hervorgerufen werden diese Schwankungen durch die Ansteuerung des Inverters mittels PWM-Signalen. Für die Untersuchung wird die in Abschnitt 2.4.5 ermittelte Schwankung von M_{EM} mit einer Frequenz von $f_{PWM} = 400\,Hz$ und einer Amplitude von $M_{PEM} = \pm 1\,Nm$ angenommen. M_{PWM} wird auf das durch die Szenarien 1-3 vorgegebene M_{EM} aufaddiert. Die Ergebnisse der Co-Simulation für die drei Szenarien sind in Abbildung 4.6 dargestellt.

Durch Hinzufügen von M_{PWM} ist in allen Szenarien eine Erhöhung der an R_L abfallenden Spannung zu verzeichnen. Die Erhöhung ist auf die Frequenzabhängigkeit der Ausgangsspannung eines PEG zurückzuführen. Diese kommt durch die mit f_{PWM} schwankenden mechanische Belastung am MFC_t-Patch zum Tragen. Das in Abbildung 4.6 dargestellte Diagramm der Durchschnittsleistung ist normiert auf den Worst-Case. Somit zeigen Werte der normierten Durchschnittsleistung eine Verbesserung zum Worst-Case auf. In allen Szenarien ist eine Steigerung der Spannungsamplitude und Durchschnittsleistung zu verzeichnen. Nach wie vor wird in Szenario 2 die geringste Spannung und Durchschnittsleistung durch den PEH erzeugt. Diese erreicht jetzt das Niveau des Szenarios 1 aus der Worst-Case-Betrachtung. Szenario 1 weist eine Steigerung der Leistung um Faktor 16,6 auf. Hervorzuheben sind die Zeitpunkte

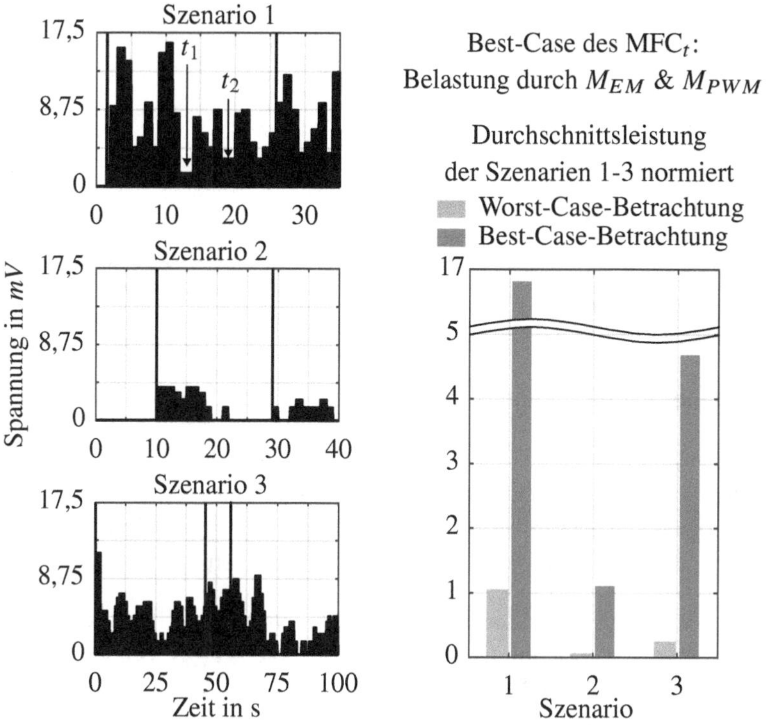

Abbildung 4.6: Ergebnisse der Best-Case-Betrachtung für MFC_t

$t_1 = 12\,s$ und $t_2 = 18\,s$. Fällt in der Worst-Case-Betrachtung bei t_1 und t_2 keine Spannung an R_L ab, wird für die Best-Case-Betrachtung nach Abbildung 4.6 die Durchbruchspannung des Brückengleichrichters erreicht und folglich R_L belastet.

Für MFC_b ist die Best-Case-Betrachtung das Hinzufügen der Belastung der Rotorwelle durch deren Unwucht. Mit der in dieser Arbeit entwickelten Methode zur Bestimmung des Unwuchtzustandes einer Rotorwelle nach Abschnitt 3.1.2 sind die Unwuchten der Welle bestimmbar. Abbildung 4.7 zeigt das Histogramm der Durchbiegung der Rotorwelle der mit der Methode generierten Unwuchtzustände. Aus dem Histogramm ist ein Erwartungswert der Durch-

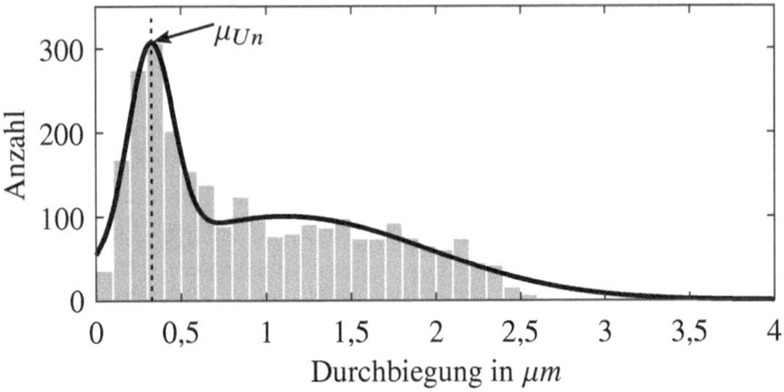

Abbildung 4.7: Histogramm der Unwuchtkombinationen der BMW i3 EM

biegung $\mu_{Un} = 0,135\,\mu m$ abzulesen. Mit dem Unwuchtzustand, der dieser Durchbiegung entspricht, erfolgt die Best-Case-Betrachtung. Die Belastung der Unwucht wird dabei der Belastung aus F_{rad} hinzugefügt.

Die Ergebnisse der Simulation mit der Best-Case-Betrachtung der mechanischen Belastung des Rotor ergaben keinen Zuwachs an gewonnener Leistung, verglichen mit der Worst-Case-Betrachtung. Wird in der Co-Simulation der MFC$_b$ nur mit den durch die Unwucht hervorgerufenen mechanischen Belastungen analysiert, zeigt sich der in Abbildung 4.8 dargestellte Verlauf der MFC$_b$-Spannung.

Nach Gl. 2.25 ist die durch die Unwucht hervorgerufene Fliehkraft abhängig von n_{EM} und die durch den PEG gewinnbare Energie von der Änderung von n_{EM}. Dies spiegelt sich in dem Verlauf der MFC$_b$-Spannung für Szenario 1 wider. Die Spannung folgt der Änderung von n_{EM} und weist dabei eine maximale Amplitude von $0,01\,V$ auf und ist somit um Größenordnungen geringer als die Durchbruchspannung des Brückengleichrichters. Der Zugewinn an elektrischer Ladung $Q_{MFC,b}$ im Vergleich zu der durch F_{rad} hervorgerufenen ist somit zu vernachlässigen. Szenario 2 bekräftigt diesen Sachverhalt. Hier wird zudem deutlich, dass ein PEG einer wechselnden Belastung auszusetzen ist, damit dieser eine konstante elektrische Leistung erzeugt. Die zu Beginn erreichte Spannung ist auf den Hochlauf der Simulation zurückzuführen. Trotz der hohen

n_{EM}, wovon die Fliehkraft der Unwucht profitiert, nähert sich die Spannung $0V$, auf Grund der kaum veränderlichen Drehzahl. Die Belastung der Rotorwelle durch die Unwucht der Welle erzeugt zwar eine elektrische Spannung im PEG, jedoch ist diese für den PEH nicht verwendbar.

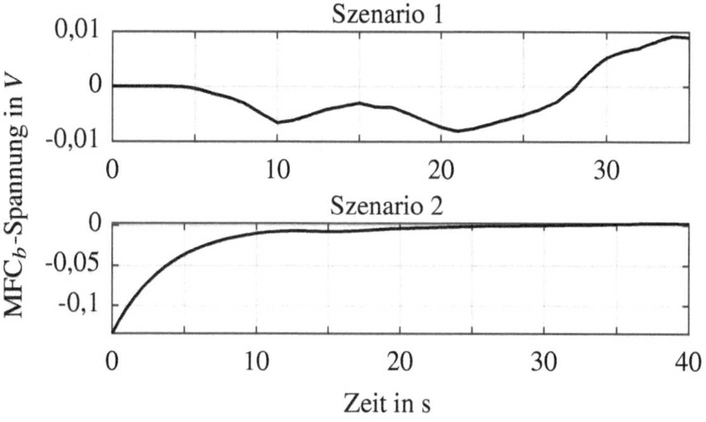

Abbildung 4.8: Spannung am MFC$_b$ bei reiner Belastung durch die Unwucht

Mit dem Vergleich von drei verschiedenen Ansätzen für die Modellierung eines PEG mit einer maximalen Abweichung von 0,035 % zueinander, ist die in dieser Arbeit entwickelte Co-Simulation nach Abschnitt 4.1 validiert.

Das zur Reduktion der Rechenzeit eingesetzte Kennfeld an Stelle des FE-Modells des PEG bedingt ein lineares Verhältnis zwischen der Frequenz der mechanischen Belastung und der erzeugten elektrischen Spannung. Auf Grundlage einer harmonischen Analyse wird dies in Abschnitt 4.2 für eine Anregungsfrequenz bis $400\,Hz$ nachgewiesen. Damit sind alle Belastungen der Rotorwelle, die nach Abschnitt 2.4 als Energiequelle für den PEH dienen, durch die Co-Simulation mit Kennfeld abzubilden. Die in dieser Arbeit vorgestellte Methode zur Auslegung eines PEH legt unter anderem die Anzahl der im PEG verwendeten MFC-Patchs fest. Mit dem Ziel der maximalen Energiegewinnung werden in Abschnitt 4.3 Untersuchungen mit verschiedenen Konfigurationen des PEH durchgeführt. Für MFC$_b$ erzielt eine Konfiguration mit drei Patchs, die jeweils über einen separaten Gleichrichter parallel verschaltet sind, die höchste durchschnittliche Spannung. Somit ist diese zu präferieren.

Die Untersuchung der Energiequellen des PEH, auf Basis einer Worst-Best-Case-Betrachtung, zeigt eine deutliche Abhängigkeit der Ausgangsspannung des PEH von M_{EM}. Durch die Analyse von drei Fahrszenarien zeigt sich, dass die Durchschnittsleistung des MFC_b über dem des MFC_t liegt. Für MFC_t ist eine Steigerung der Ausgangsleistung, im Vergleich der Worst- zu Best-Case-Betrachtung zu erreichen. Die in der Best-Case-Betrachtung des MFC_b hinzugefügte mechanische Belastung der Rotorwelle durch die Unwucht erbringt keine weitere Steigerung.

5 Anwendung und praktischer Nachweis der Methode

In diesem Kapitel wird die Methode aus Kapitel 3 auf eine EM angewandt und vollständig durchlaufen. Durch Anwendung der Methode auf ein reales Beispiel ist ein praktischer Nachweis erbracht. Die Erkenntnisse, die aus den Ergebnissen dieses Kapitels gewonnen werden, dienen der Beantwortung der eingangs der Arbeit gestellten Forschungsfragen.

Für die Anwendung der Methode ist zunächst die EM zu definieren. Um eine Übertragbarkeit der Ergebnisse aus Kapitel 4 zu erreichen, wird die Methode nicht auf die in Kapitel 4 verwendete EM des BMW i3 angewandt. In diesem Kapitel ist die betrachtete EM die der Mercedes B-Klasse Electric Drive, deren Daten in Tabelle 5.1 aufgelistet sind.

Mit diesen Daten wird die mechanische Systemauslegung nach Abschnitt 3.1 angewandt. Die Systemauslegung wird sowohl für eine Voll- als auch Hohlwelle durchlaufen. Anhand der Evaluation der Auslegung nach Abschnitt 3.3

Tabelle 5.1: Daten der EM und des Fahrzeuges Mercedes B-Klasse Electric Drive nach [49], [92]

Beschreibung	**Größe**	**Einheit**
Zieldrehmoment der EM M_{soll}	430	Nm
maximale Drehzahl der EM n_{max}	14800	$1/min$
Masse Rotor m_{Rotor}	27,52	kg
Außendurchmesser aktiver Bereich Rotors $d_{A,aktive}$	155,8	mm
Innendurchmesser aktiver Bereich Rotors $d_{a,aktive}$	50	mm
Länge aktiver Bereich Rotors l_{aktive}	156,8	mm
Getriebeübersetzung i_G	9,73:1	-
Radradius r_{Rad}	0,319	m
Fahrzeugmasse m_F	1750	kg

L. Brandl, *Auslegung und Integration eines piezoelektrischen Energy-Harvesters zur Versorgung von Sensoren auf Rotoren elektrischer Maschinen*,
Wissenschaftliche Reihe Fahrzeugtechnik Universität Stuttgart,
https://doi.org/10.1007/978-3-658-50106-8_5

ist die Ausführung der Rotorwelle zu wählen, mit der der Rest der Methode durchlaufen wird. Das Ergebnis der Systemauslegung zeigt Tabelle 5.2. Aufgeführt sind die geometrischen Abmessungen der Rotorwelle für den nicht aktiven Bereich sowie die Abmessungen der MFC-Patchs. In beiden Varianten ist eine Konfiguration mit drei MFC$_b$- und zwei MFC$_t$-Patchs gewählt. Wie die Ergebnisse zeigen, ist sowohl für die Voll- als auch die Hohlwelle, im Zuge der Einhaltung des Sicherheitsfaktors S_{min} nach Gl. 3.1, ein Absatz einzufügen. Weiter ist durch die geringe Differenz in den berechneten Werten der Durchmesser der Voll- und Hohlwelle zu schlussfolgern, dass zur Einhaltung von S_{min} die Durchmesser der Wellenenden d_{li_1} und d_{re_2} erhöht wurden. Bestätigen lässt sich das mit dem Aufstellen des ersten Kennwertes der Evaluation $K_{Ev,1}$. Für die Wellenenden der Hohlwelle berechnen sich die Kennwerte zu $K_{Ev,1,li,h} = 0,909$ und $K_{Ev,1,re,h} = 0,908$.

Tabelle 5.2: Daten der mechanischen Systemauslegung für die EM der B-Klasse

Rotorwelle			**MFC**		
Variable	Größe	Einheit	Variable	Größe	Einheit
		Hohlwelle			
l_{li}	[60;20]	mm	$l_{MFC,b}$	60	mm
d_{li}	[35,88;38,7]	mm	$b_{MFC,b}$	20	mm
l_{re}	[20;60]	mm	$l_{MFC,t}$	60	mm
d_{re}	[28,93;21,9]	mm	$b_{MFC,t}$	35	mm
d_i	[12,73]	mm			
		Vollwelle			
l_{li}	[60;20]	mm	$l_{MFC,b}$	60	mm
d_{li}	[35,61;38,13]	mm	$b_{MFC,b}$	20	mm
l_{re}	[20;60]	mm	$l_{MFC,t}$	60	mm
d_{re}	[24,31;21,1]	mm	$b_{MFC,t}$	35	mm
d_i	[0]	mm			

Die Erhöhung des Durchmessers ist an beiden Wellenenden für die Hohlwelle im gleichen Maße erforderlich. Die Kennwerte der Vollwelle ergeben

$K_{Ev,1,li,v} = 0,6$ und $K_{Ev,1,re,v} = 0,905$. Hier ist am linken Wellenende, das durch die kombinierte Last aus Torsion und Biegung belastet ist, eine deutliche Erhöhung zu erkennen. Im Vergleich zu der Variante der Hohlwelle ist die mechanische Spannung in der Rotorwelle reduziert, wodurch auch die mechanische Spannung am PEG sinkt. Somit ist die Hohlwelle der Vollwelle vorzuziehen und die folgenden Schritte der Methode sind auf diese anzuwenden.

Der nächste Schritt der Methode ist die Bestimmung des Unwuchtzustandes der Rotorwelle. Zwar ist die durch Unwucht hervorgerufene mechanische Belastung der Welle zu gering für den PEH, um diese in elektrische Energie zu wandeln, dennoch wird dieser Schritt durchlaufen. Zum einen ist durch die Anwendung auf einen anderen Rotor als in Kapitel 4 die Übertragbarkeit gezeigt worden, zum anderen sind die Erkenntnisse über den Unwuchtzustand der Rotorwelle in den Entwicklungsprozess der EM übertragbar und können dort Anwendung finden.

Mit einer Gütestufe $G = 2,5$ und einer sich daraus ergebenden zulässigen Unwucht $Uzul = 44,33\,gmm$ zeigt Abbildung 5.1 das Ergebnis der am rechten Wellenende entstehenden Durchbiegung für die, in den Grenzen von $Uzul$ zulässigen, generierten Unwuchtkombinationen.

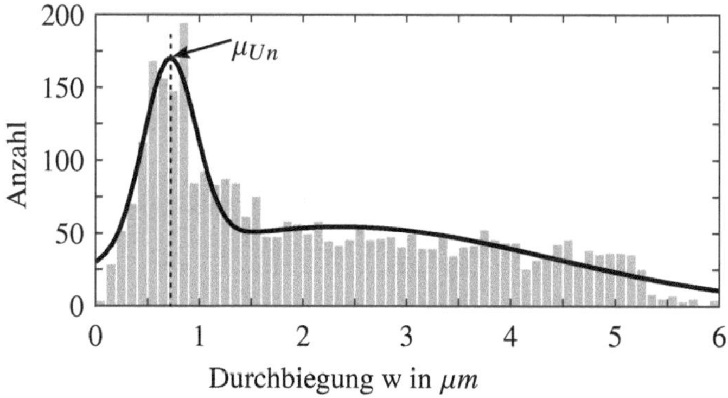

Abbildung 5.1: Histogramm der Unwuchtkombinationen der Mercedes B-Klasse mit Hohlwelle

Auch hier ist im Histogramm eine Verteilung gemäß einer Doppel-Gauss-Verteilung zu erkennen, wie auch schon in Kapitel 4 für die EM des BMW i3. Somit ist ein Nachweis der Übertragbarkeit dieses Teils der Methode erbracht. Für die Hohlwelle ist am rechten Wellenende, auf dem die MFC_b-Patchs platziert sind, der Erwartungswert der Durchbiegung $\mu_{Un} = 0,75\,\mu m$.

Nach Abschluss der mechanischen Systemauslegung folgt die Modellierung des PEH in der Co-Simulation nach Abschnitt 3.2. Die Systemsimulation des elektrischen Netzwerkes bildet für den praktischen Nachweis der Methode ein vollständiges Sensorsystem ab, dessen Verbräuche aus Messungen bekannt sind [22]. Das Sensorsystem besteht aus dem Temperatursensor TMP112 sowie dem μC CC430F6137, beides von Texas Instruments. Der LTC3588-1 [61] bildet den EHC und wurde von Linear Technology eigens für die Anwendung als EHC für PEH entwickelt. Eine schematische Darstellung des modellierten elektrischen Netzwerkes, bestehend aus PEH und Sensorsystem, zeigt Abbildung 5.2.

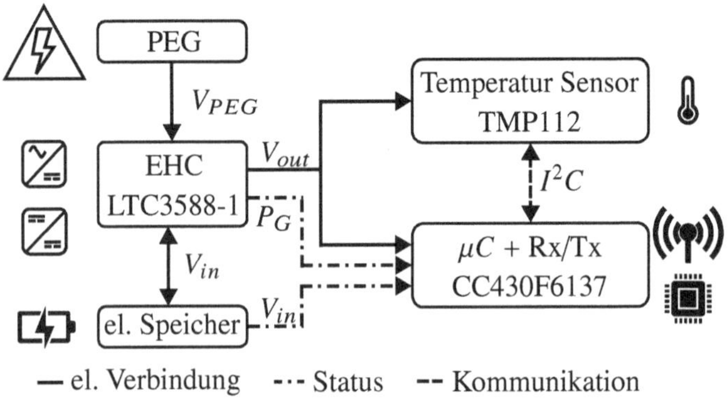

Abbildung 5.2: Schematische Darstellung des elektrischen Netzwerks von PEH und Sensorsystem nach [22]

Der PEG, aufgebaut aus drei MFC_b mit separaten Brückengleichrichtern und zwei MFC_t, erzeugt die Spannung V_{PEG}. An den PEG angeschlossen ist der EHC, der V_{PEG} gleichrichtet und elektrisch zwischenspeichert. Am als Speicher eingesetzten Kondensator stellt sich in Folge der Aufladung die Spannung V_{in} ein. Der im LTC3588-1 integrierte Buck-Converter wird eingeschaltet, sobald die Grenzspannung $V_{in} = V_{UVLO} = 5,05\,V$ am Kondensator erreicht ist, und regelt die Ausgangsspannung auf $V_{out} = 3,3\,V$. Vom EHC mit V_{out} versorgt werden der Sensor und der μC. Im μC enthalten ist auch eine Sender/Empfängereinheit für die kontaktlose Datenübertragung der Messungen. Diese werden per I^2C-Schnittstelle vom Sensor an den μC übertragen. Des Weiteren erhält der μC das logische Signal P_G, sobald 92 % von V_{out} erreicht sind sowie V_{in} als Ladezustand des Kondensators. Nach Abschnitt 3.2.3 ist der elektrische Verbrauch der Bauteile des elektrischen Netzwerkes über geschaltete Widerstände abzubilden. Der Dauerverbrauch des LTC3588-1 ist $Q_{LTC} = 81\,nAs$, was einem Widerstand von $R_{LTC} = 40,7\,M\Omega$ entspricht. Das Durchführen eines Messzyklus führt zu einem Verbrauch im Sensorsystem von $Q_{Zyklus} = 219\,\mu As$. Der Messzyklus ist in drei Schritte unterteilt. Die Schritte des Messzyklus samt Verbrauch und repräsentativen Widerstand sind gegeben in Tabelle 5.3:

Tabelle 5.3: Elektrischer Verbräuche und repräsentative Widerstände der Phasen des Messzyklus

Schritt	Verbrauch	Zeit	Widerstand
Durchführung Messung	$3\,mA$	$10\,ms$	$1{,}1\,k\Omega$
Senden der Messdaten	$14\,mA$	$6\,ms$	$0{,}235\,k\Omega$
Empfangen von Daten	$15\,mA$	$7\,ms$	$0{,}22\,k\Omega$

Diese Widerstände sind im elektrischen Netzwerk über ideale MOSFET vom *Zentralen Knoten* der Co-Simulation für die entsprechenden Zeiten zuzuschalten. Der Zeitpunkt der Zuschaltung ist durch die Betriebsstrategie vorzugeben. Zwischen den Messzyklen ist das Sensorsystem in einen Sleep Modus gesetzt, in dem der elektrische Verbrauch auf $I_{Sleep} = 6,8\,\mu A$ reduziert ist, was einem Widerstand von $R_{Sleep} = 485,29\,k\Omega$ entspricht. Damit ist das elektrische Netzwerk vollständig abgebildet und die Co-Simulation vollständig aufgebaut. Für das vollständige Durchlaufen der Methode sind Simulationen durchzuführen und die Kennwerte $K_{Ev,2}$,$K_{Ev,3}$ und $K_{Ev,4}$ der Evaluation zu bestimmen. Mit den Kennwerten ist ein Vergleich von Betriebsstrategien und Parametern des PEH durchzuführen.

Zunächst sind die Eingangsparameter der Co-Simulation vorzugeben. Für M_{EM} und n_{EM} geschieht dies, wie bereits in Kapitel 4, auf Grundlage des WLTP. Durch Verwendung des WLTP ist der praktische Nachweis der Funktionsweise des PEH gegeben.

Ein Parameter des EHC, der durch den Vergleich der Kennwerte $K_{Ev,2}$ und $K_{Ev,3}$ zu untersuchen ist, ist die Kapazität C_{Kap} des Kondensators, da der Verlauf von V_{in} abhängig von dieser ist. Anhand des Verbrauchs eines Messzyklus des Sensorsystems sind Grenzwerte von V_{in} zur Auslösung eines Messzyklus festzulegen. Damit ein Messzyklus vollständig durchlaufen werden kann, ist sicherzustellen, dass $V_{out} \geq 3,3\,V$ ist, da sonst Sensor und μC abschalten. Um dies zu gewährleisten, muss V_{in} eine Spannung aufweisen von:

$$V_{Mess,min} = V_{out} + \frac{Q_{Zyklus}}{C_{Kap}} \qquad \text{Gl. 5.1}$$

Der Messzyklus wird erstmalig nach Erreichen von $V_{out} = 3,3\,V$ ausgelöst, sobald V_{in} eine Spannung erreicht von:

$$V_{Mess,erst} = 5,1 + \frac{Q_{Zyklus}}{C_{Kap}} \qquad \text{Gl. 5.2}$$

Dieser Grenzwert dient der Stabilisierung des Gesamtsystems.

Abbildung 5.3 zeigt den Vergleich der Verläufe von V_{in} und V_{out} für das Szenario 1 zweier Kondensatoren mit $C_{Kap,1} = 16\,\mu F$ und $C_{Kap,2} = 32\,\mu F$. Die Regelung der Ausgangsspannung V_{out} beginnt bei Erreichen der Spannung $V_{in} = V_{UVLO}$, bei der der Buck-Converter des LTC3588-1 einschaltet. Ist $V_{out} = 3,3\,V$ eingeregelt, wird der Kondensator geladen bis zur Spannung $V_{Mess,erst}$, bei der der Messzyklus ausgelöst wird. Diese sind nach Gl. 5.2 $V_{Mess,erst,C_{Kap,1}} = 18\,V$ und $V_{Mess,erst,C_{Kap,2}} = 12\,V$.
Die Kennwerte der Evaluation $K_{Ev,2}$ und $K_{Ev,3}$ sind für die in Abbildung 5.3 gezeigten Verläufe in Tabelle 5.4 aufgeführt:

Tabelle 5.4: Evaluationskennwerte $K_{Ev,2}$ und $K_{Ev,3}$ für Szenario 1

Kapazität	$K_{Ev,2}$	$K_{Ev,3}$
$16\,\mu F$	6,03	8,72
$32\,\mu F$	6,31	8,23

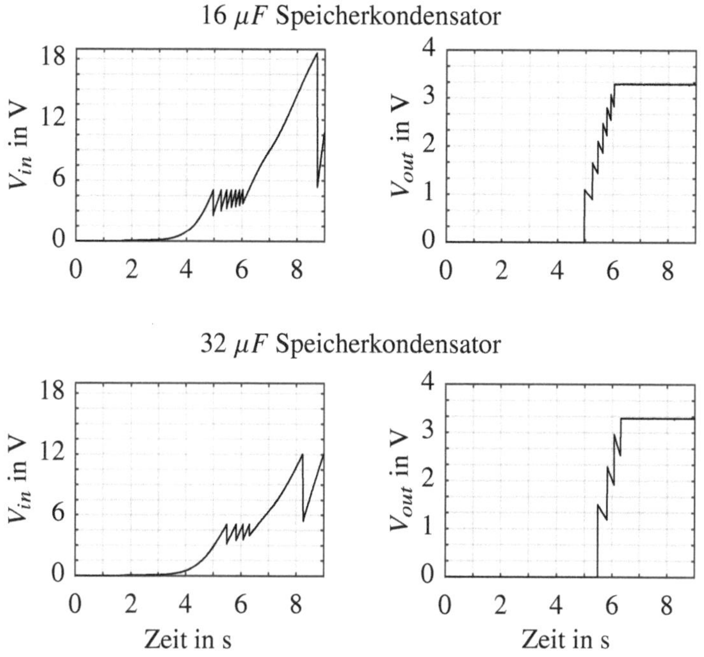

Abbildung 5.3: Vergleich der Gesamtsimulation für Szenario 1

Zwar weist $C_{Kap,1}$ den geringeren $K_{Ev,2}$ auf, $K_{Ev,3}$ ist jedoch im Vergleich zu $C_{Kap,2}$ höher. Auf Grund der geringeren Kapazität von $C_{Kap,1}$ ist für das Erreichen der V_{UVLO} Spannung eine geringe Menge an elektrischer Ladung notwendig, was sich positiv auf $K_{Ev,2}$ auswirkt. $K_{Ev,3}$ ist auf $V_{Mess,erst}$ zurückzuführen, der von der Kapazität des Kondensators abhängt. Damit der Kondensator geladen wird, muss die Spannung des PEG V_{PEG} nach Gleichrichtung größer als V_{in} sein. So muss V_{PEG} für $C_{Kap,1}$ eine höhere Spannung aufbauen um diesen bis $V_{Mess,erst}$ zu laden, was sich negativ auf $K_{Ev,3}$ auswirkt.

Zu beachten ist, dass die Ergebnisse der Evaluation von der Wahl der Szenarien abhängen. Dies veranschaulicht Abbildung 5.4, das den Verlauf von V_{in} und V_{out} diesmal für Szenario 3 darstellt. Unabhängig vom Kondensator ist zu

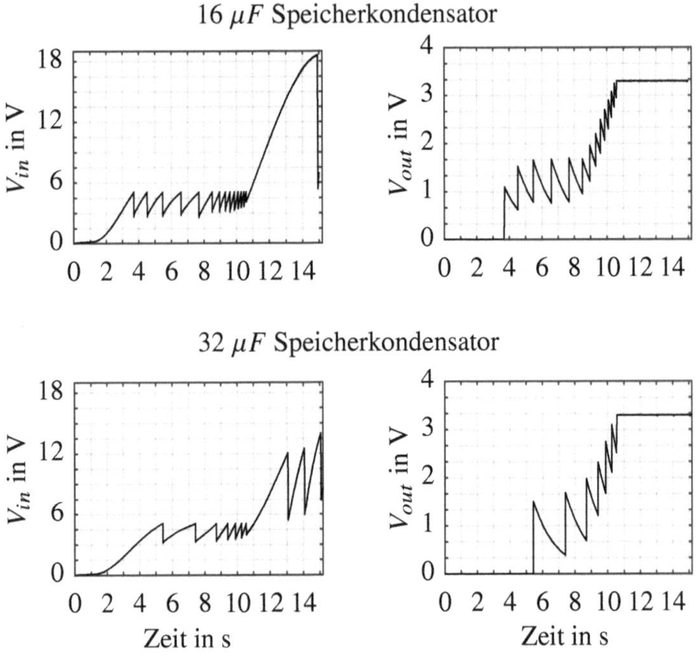

Abbildung 5.4: Vergleich der Gesamtsimulation für Szenario 3

erkennen, dass die vom PEG erzeugte Energie geringer ist im Vergleich zu Szenario 1, was sich in der Verlängerung der Zeiten zum Laden der Kondensatoren darstellt. Dies ist auch anhand der Kennwerte zu belegen, die in Tabelle 5.5 aufgeführt sind.

Tabelle 5.5: Evaluationskennwerte $K_{Ev,2}$ und $K_{Ev,3}$ für Szenario 3

Kapazität	$K_{Ev,2}$	$K_{Ev,3}$
16 μF	10,58	14,9
32 μF	10,55	13,06

Sowohl die Werte des $K_{Ev,2}$ als auch $K_{Ev,3}$ liegen für Szenario 3 über denen von Szenario 1. Zudem liegt $K_{Ev,2}$ von $C_{Kap,1}$ unter dem von $C_{Kap,2}$. Wird der Verlauf der V_{in}-Spannung von $C_{Kap,1}$ genauer untersucht, so ist festzustellen, dass die Steigung ab $t = 13\,s$ abflacht. Dies korreliert mit a_F, wodurch die im PEG erzeugte Energie sinkt und somit auch V_{PEG} sich langsamer aufbaut.

Aus beiden Betrachtungen geht hervor, dass die Wahl der Kapazität Einfluss auf das Verhalten des PEH hat und damit die Betriebsstrategie des Sensorsystems beeinflusst. Allgemein führt eine Verringerung der Kapazität zu einem schnelleren Erreichen von V_{out}, womit der μC früher zu betreiben ist. Wird die Kapazität erhöht, steht die benötigte Landungsmenge zum Durchführen eines Messzyklus schneller zu Verfügung, da $V_{Mess,erst}$ sinkt. Das betrachtete Szenario, in dem der PEH betrieben wird, hat zusätzlich einen Einfluss auf die Wahl der Kapazität. Ist die im Szenario durch den PEG sammelbare Energie gering, so kann eine Vergrößerung der Kapazität eine Verbesserung bewirken hinsichtlich $K_{Ev,2}$ und $K_{Ev,3}$.

Zum Abschluss der Anwendung der Methode ist der letzte Kennwert der Evaluation $K_{Ev,4}$ zu bestimmen. Für das in Kapitel 4 definierte Szenario 3 zeigt Abbildung 5.5 die Ergebnisse der Co-Simulation. Dargestellt sind die Verläufe der vorgegebenen Geschwindigkeit v_F und Beschleunigung a_F des Szenario 3, die am Speicherkondensator anliegende Spannung V_{in}, die Ausgangsspannung V_{out} des EHC sowie das logische Signal *LoadEnabler*. Das Signal *LoadEnabler* sendet der *Zentrale Knoten* an μC und Sensor. Durch Senden eines High-Pegels wird ein Messzyklus ausgelöst. Die Betriebsstrategie in dieser Simulation sieht das Durchführen eines Messzyklus vor, bei einer Beschleunigung $a_F \geq 0,5\,m/s^2$ mit einer Messfrequenz $f_{Mess} = 1\,Hz$. Die Bereiche, in denen die Bedingungen erfüllt sind, sind grau hinterlegt. Die Grenzen für V_{in} zum Durchführen eines Messzyklus sind wie zuvor gegeben durch Gl. 5.1 und Gl. 5.2.

Zum Zeitpunkt $t_1 = 5,44\,s$ bei dem $V_{in} = V_{UVLO}$ ist, beginnt die Regelung der Ausgangsspannung, bis $V_{out} = 3,3\,V$ erreicht ist bei $t_2 = 10,55\,s$. Die nach Gl. 5.2 festgelegte Spannung $V_{Mess,erst} = 12\,V$ für V_{in} zum Auslösen des ersten Messzyklus liegt am Kondensator an bei $t_3 = 13,08\,s$. Darauf folgen acht Messzyklen, bevor bei $t_4 = 24,24\,s$ die Spannung am Kondensator soweit durch die Messungen reduziert und durch den PEG nicht wieder aufgeladen

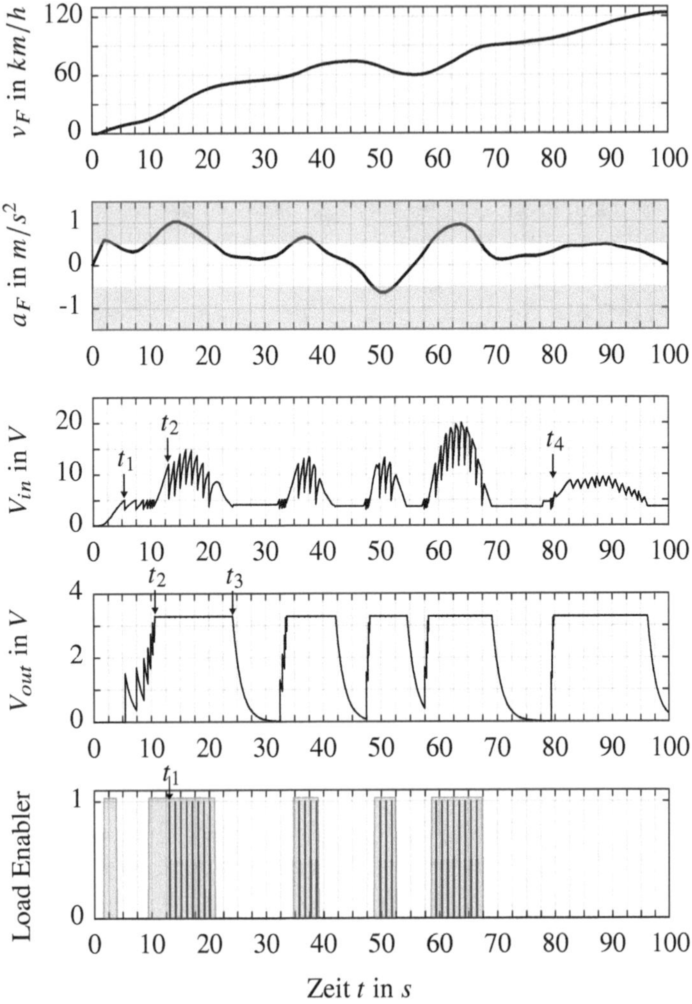

Abbildung 5.5: Ergebnis der Gesamtsimulation von PEH und Sensorsystem für Szenario 3

ist. Damit ist der PEG auch nicht mehr in der Lage V_{out} zu halten. Im weiteren Verlauf des Szenario 3 zeigt die Simulation drei weitere Phasen auf, in denen der PEH das Sensorsystem ausreichend mit Energie versorgt. Für das in Abbildung 5.5 gezeigte Szenario gibt die Betriebsstrategie 30 Messzyklen vor. Von denen sind 23 durch den PEH realisierbar. Damit ergibt sich der letzte Kennwert der Evaluation zu $K_{Ev,4} = 0,77$. Wie die Simulation zeigt, sind primär die Messzyklen zu Beginn der Simulation nicht durch den PEH abdeckbar, da dieser zunächst V_{out} bereitstellen und den Kondensator laden muss. Allgemein zeigen die Ergebnisse die bereits in Kapitel 4 festgestellte Abhängigkeit der Ausgangsleistung des PEH von a_F respektive M_{EM}. Kontinuierliche Überwachungen sind auf Grund dieser Abhängigkeit und der damit einhergehenden starken Schwankung in der Ausgangsleistung des PEH nicht zu realisieren. Dies ist auch durch die Evaluation zu zeigen. Eine Betriebsstrategie, die nur die $f_{Mess} = 1\,Hz$ vorgibt, erzielt für dieses Szenario $K_{Ev,4} = 0,24$. Somit ist der PEH für ereignisgesteuerte Betriebsstrategien geeignet, besonders für Funktionen, die eine Abhängigkeit zu M_{EM} aufweisen. Ein Optimierungspotenzial zeigt die Simulation zum Zeitpunkt $t_5 = 80,16\,s$. Hier stellt der PEH die Ausgangsspannung bereit, die notwendige Spannung am Kondensator zum Durchführen eines Messzyklus wird hingegen nicht erreicht. Da $V_{out} = 3,3\,V$ anliegt, werden μC und der LTC3588-1 EHC als Dauerverbraucher versorgt. Durch das Nichterreichen von $V_{in} = V_{Mess,erst}$ ist dies jedoch nicht notwendig. Durch Erweiterung der Betriebsstrategie auch auf diesen Verbraucher ist eine Optimierung des effektiven Energieverbrauchs möglich.

Mit der Auswertung der Ergebnisse aus der Co-Simulation anhand der Kennwerte der Evaluation ist die Methode vollständig durchlaufen. Aus den Ergebnissen dieses Kapitels geht hervor, dass ein nach Kapitel 3 ausgelegter PEH ein Sensorsystem elektrisch versorgen kann. Durch Verwendung eines Sensorsystems, dessen Verbräuche validiert sind, und der Simulation des Gesamtsystems im WLTP ist zudem der praktische Nachweis erbracht. Mit dem Nachweis ist gezeigt, dass ein neuartiger Ansatz für die Versorgung einer rotorseitigen Sensorik in elektrische Traktionsmaschinen von Pkw geschaffen wurde. Die dazu verwendete Methode ist an den Entwicklungsprozess der EM gekoppelt, womit ein PEH gerechtes Design der EM ermöglicht ist.

6 Zusammenfassung

Neuartige Sensorkonzepte, bei denen Sensoren auf dem Rotor einer EM platziert sind, bieten das Potenzial der Verbesserung der Produkteigenschaften der EM. Die durch den Sensor gewonnenen Daten können beispielsweise zur Überwachung der EM genutzt werden, oder zur Regelung der Stellgrößen im Betrieb der EM. Auf Grund der Position der Sensorik auf dem Rotor ist die elektrische Versorgung eine zentrale Herausforderung.

Durch den Einsatz eines Energy-Harvester ist der Aufbau eines energieautarken Sensorsystems möglich und bereits für andere Anwendungen umgesetzt.

Im Rahmen dieser Arbeit ist eine Methode entwickelt worden, zur Auslegung und Integration eines PEH auf der Rotorwelle einer EM. Der PEH ist dabei direkt auf der Oberfläche der Rotorwelle platziert und nimmt die mechanische Belastung der Welle auf. Die Methode reiht sich in den Auslegungsprozess der EM ein, wobei eine möglichst gekoppelte Entwicklung von PEH und EM angestrebt wird. Die gekoppelte Entwicklung ist notwendig, damit Erkenntnisse, die im Zuge der Auslegung des PEH gewonnen werden, in das Rotordesign einfließen können.

Die Methode zur Auslegung eines PEH beginnt mit der mechanischen Auslegung der Rotorwelle, um mit dieser die auf den PEH wirkenden mechanischen Lasten zu bestimmen. Der methodische Schritt der Auslegung der Rotorwelle basiert in dieser Arbeit auf dem Vorgehen der DIN 743. Durch Verwendung der DIN 743 ist sichergestellt, dass die Rotorwelle korrekt dimensioniert ist. Die Berechnung des erforderlichen Wellendurchmessers erfolgt nach DIN 743 durch den Vergleich der maximal ertragbaren zu der auftretenden mechanischen Last. Durch die Vorgabe eines Zieldrehmomentes M_{soll} der EM wird die maximale Last bestimmt. Dabei handelt es sich um eine kombinierte Last aus Biegung und Torsion. Neben den Lasten, die auf die Rotorwelle wirken, berücksichtigt die entwickelte Methode den Einfluss der Kerbwirkung auf den erforderlichen Durchmesser der Rotorwelle. Die Kerbwirkung entsteht im Übergang von Durchmessersprüngen und ist abhängig von der Differenz der Durchmesser

L. Brandl, *Auslegung und Integration eines piezoelektrischen Energy-Harvesters zur Versorgung von Sensoren auf Rotoren elektrischer Maschinen*,
Wissenschaftliche Reihe Fahrzeugtechnik Universität Stuttgart,
https://doi.org/10.1007/978-3-658-50106-8_6

des Sprungs. Abhilfe schafft die Methode durch Reduktion der Differenz der Durchmesser, was zu einer Erhöhung des erforderlichen Durchmessers in einigen Bereichen der Welle führt. Ist dies im Bereich des PEH erforderlich, sinkt die mechanische Belastung, die auf den PEH wirkt. Als kritisch stellt sich für die Kerbwirkung die Übergänge des aktiven Rotorbereichs zu den Wellenenden heraus. Untersuchungen in dieser Arbeiten zeigen, dass eine Ausführung der Rotorwelle als Hohlwelle aus Sicht des PEH zu bevorzugen ist.

Sind die Durchmesser der Rotorwelle im Rahmen der Grenzen der DIN 743 nach der präsentierten Methode berechnet worden, ist daran angeschlossen die Bestimmung des Unwuchtzustands der Welle mit einer eigens dafür neu entwickelten Methode. Die Bestimmung des Unwuchtzustandes der Welle ist erforderlich, da die Unwucht eine mechanische Belastung der Rotorwelle ist und damit eine potenzielle Energiequelle des PEH darstellt. Grundlage der Methode ist die DIN ISO 21940. Diese definiert die maximal zulässige Unwucht einer Welle. Da es sich bei dem Unwuchtzustand um eine zufällige Kombination an Unwuchten handelt, wird in der Methode ein statistischer Ansatz zur Vorhersage des Unwuchtzustandes angewandt. Hierzu werden Unwuchtzustände in den Grenzen der DIN ISO 21940, bestehend aus drei Unwuchten, generiert. Die durch den Unwuchtzustand hervorgerufene Durchbiegung der Welle wird anschließend ausgewertet. Es konnte gezeigt werden, dass die Verteilung der einzelnen Durchbiegungen der Unwuchtzustände einer Doppel-Gauss Verteilung folgt. In der Methode wird dieses Verhalten genutzt und aus dem Erwartungswert der Verteilung der Unwuchtzustand der Rotorwelle bestimmt.

Um die Abmaße der als PEG in dieser Arbeit eingesetzten MFC-Patchs zu bestimmen, definiert die Methode zunächst deren Anzahl. Für die durch Biegung belasteten MFC wurde nachgewiesen, dass eine parallele Verschaltung von drei Patchs, die jeweils über einen eigenen Gleichrichter verfügen, die Energiegewinnung durch den PEG maximiert. Als Kompromiss aus Energiegewinnung und Komplexität ist eine Konfiguration mit zwei Patchs, die über einen Gleichrichter verschaltet sind, identifiziert worden. Da die Torsionsspannung konstant um den Umfang der Rotorwelle ist, sind alle MFC-Patchs gleich belastet. Somit entsteht kein Phasenversatz in der am MFC entstehenden elektrischen Spannung und diese sind seriell zu verschalten, um eine maximale Amplitude der Spannung zu erreichen.

Nach Auslegung der Rotorwelle und des PEG ist im nächsten Schritt der Methode die elektrische Modellierung des PEH inklusive eines Sensorsystems durch Simulationsmodelle angeschlossen. Die Simulationsmodelle werden genutzt, um den PEH elektrisch auszulegen und an die Spezifikationen des Sensorsystems anzupassen. Anhand der Ergebnisse aus der Simulation wird die Auslegung bewertet. Ein Fokus der Methode liegt auf der korrekten Abbildung des piezoelektrischen Rückkopplungseffektes, um eine korrekte Ausgangsleistung des PEH zu berechnen. Zudem ist eine Abbildung von elektrischen Bauteilen mit nichtlinearem Verhalten notwendig.

Dies wird erreicht durch die nach der Methode aufgebauten Co-Simulation. Diese setzt sich aus einem FE-Modell des PEG und einer Systemsimulation des EHC und des Sensorsystems zusammen. Unter Vorgabe von M_{EM} und n_{EM} berechnet die Simulation das Verhalten des Gesamtsystems. Eine praxisnahe Analyse erfolgt durch die Vorgabe von M_{EM} und n_{EM} auf Basis des WLTP. Um diese Simulationen durchführen zu können, war eine Reduktion der Simulationszeit erforderlich. Erreicht wird dies durch den neuartigen Ansatz der Reduktion des FE-Modells auf ein Kennfeld. Durch eine harmonische Analyse des PEG ist der Einsatz des Kennfeldes für einen Bereich der mechanischen Anregung bis 400 Hz validiert worden. Dies ist ausreichend für die in dieser Arbeit betrachteten mechanischen Lasten.

Simulationen verschiedener Varianten des PEH und Ausführungen der Rotorwelle zeigen die Komplexität einer optimierten Auslegung des PEH auf. Diese ist von einer Vielzahl von Parametern abhängig. Für die erste Auslegung, die mit der Methode dieser Arbeit erfolgen soll, ist diese Vielzahl auf vier Kennwerte reduziert worden. Mit diesen Kennwerten sind Auslegungsvarianten vergleichbar und Potenziale für eine weiterführende Optimierung aufzeigbar. So konnte gezeigt werden, dass eine Änderung der Kapazität des Speicherkondensators Einfluss auf die realisierbare Betriebsstrategie besitzt. Optimierungspotenziale liegen insbesondere in einer an die schwankende Ausgangsleistung des PEH angepassten Betriebsstrategie des Sensorsystems, um die durch den PEH erzeugte Energie mit maximaler Effizienz zu nutzen.

Die Lasten, mit der die Rotorwelle in der Methode belastet wird und die die Energiequellen des PEH bilden, teilen sich auf in Biege- und Torsionsspannungen. Simulative Untersuchungen der Lasten zeigen, dass die Biegung der

Rotorwelle, hervorgerufen durch die am Ritzel des Abtriebs wirkende Radialkraft, über 90 % der durch den PEH bereitgestellten Energie erzeugt. Hingegen führt die Belastung der Welle durch den berechneten Unwuchtzustand zu keiner Erhöhung der bereitgestellten Energie. Für die Belastung der Rotorwelle durch die aus der Übertragung von M_{EM} bedingte Torsion zeigen die Untersuchungen, dass im PEH eine ausreichende Energie erzeugt wird. Diese ist jedoch um den Faktor 100 kleiner als die der Biegespannung. Diese Energie kann gesteigert werden, wenn ein schwankendes M_{EM} betrachtet wird. Die Schwankung entsteht im Zuge der Drehfeldstellung durch den Inverter der EM. Damit sind 10 % der durch den PEH bereitgestellten Energie zu erzeugen.

Mit der neu entwickelten Methode aus Kapitel 3 ist die eingangs der Arbeit gestellte Forschungsfrage zu beantworten. Diese ist:

Kann ein methodisches Vorgehen für die Auslegung eines PEH auf der Rotorwelle einer EM definiert werden?

Die Frage ist zu bejahen.

Für die Auslegung sind die Daten der Systemanforderung an die EM sowie die Dimensionierung des aktiven Bereichs des Rotors notwendig. Da dies den Beginn des Auslegungsprozesses der EM bildet, ist eine gekoppelte Entwicklung von EM und PEH durch diese Methode gewährleistet.

Die Methode wurde entwickelt, um die zweite Forschungsfrage dieser Arbeit zu beantworten, die lautet:

Ist es möglich mit einem PEH eine rotorseitige Sensorik zu versorgen?

Die in dieser Arbeit dargebotenen Ergebnisse der Anwendung der Methode auf ein reales Beispiel zeigen, dass die Frage grundsätzlich zu bejahen ist.

Mit der in dieser Arbeit neuartigen Anwendung eines PEH auf dem Rotor einer EM lassen sich rotorseitige Sensorsysteme realisieren. Die so geschaffenen energieautarken Sensorsysteme überwinden die Herausforderung der elektrischen Versorgung einer rotorseitigen Sensorik. Mit den gewonnenen Daten dieser Sensoren sind die Produkteigenschaften der EM optimierbar.

Die Versorgung einer Sensorik durch einen PEH ist jedoch nicht uneingeschränkt und kontinuierlich möglich. Auf Grund der Abhängigkeit der Ausgangsleistung des PEH von M_{EM} ist die zuverlässige Versorgung der Sensorik nur in Szenarien gegeben, in denen von der EM eine Last abgerufen wird. Ein PEH ist besonders für ereignisgesteuerte Betriebsstrategien geeignet.

6.1 Ausblick

Die vorliegende Arbeit legt mit der beschriebenen Methode den Grundstein für die Auslegung eines PEH, um mit diesem eine rotorseitige Sensorik zu realisieren. Die Methode setzt nach der ersten Dimensionierung der EM an, folglich sind die betrachteten Energiequellen auch auf solche beschränkt, die zu diesem Zeitpunkt bestimmt werden können. Mit Fortschreiten der Entwicklung der EM ist zu untersuchen, welche potenziellen Energiequellen sich aus der elektromagnetischen und thermischen Auslegung ergeben, um die Ausgangsleistung des PEH zu erhöhen. Zudem ist die Betriebsstrategie der EM auf den PEH anpassbar. So können Betriebspunkte mit erhöhter Last für den PEH aktiv angesteuert werden, um so den Einsatzbereich des PEH zu vergrößern.

Die mechanischen Lasten, die den PEH belasten, weisen alle eine Abhängigkeit von M_{EM} auf. Für Betriebspunkte mit geringem M_{EM} ist eine Versorgung der Sensorik nicht gewährleistet. Es ist zu untersuchen, ob eine Energiequelle identifiziert werden kann, die nicht in Abhängigkeit von M_{EM} steht. Hier wären mechanische Lasten, die von n_{EM} abhängig sind, ideal. Die Unwucht bildet solch eine Last ab, deren Potenzial als Energiequelle des PEH konnte nicht bestätigt werden. Dies gilt es detaillierter zu untersuchen.

Zwar ist die Unwucht als Energiequelle nicht nutzbar, jedoch kann die Methode zur Bestimmung des Unwuchtzustands der Welle über die Auslegung des PEH hinaus Anwendung finden. Durch den MFC ist eine Unwucht zu detektieren und im Sinne eines CM mit dem berechneten Unwuchtzustand abzugleichen.

Wie gezeigt wurde, ist die Optimierung des PEH von einer Vielzahl von Faktoren abhängig. PEH und Sensorsystem sind weiter aufeinander abzustimmen.

Hier ist insbesondere die Betriebsstrategie des Sensorsystems von Bedeutung, wobei ereignisgesteuerte Betriebsstrategien zu bevorzugen sind.

Durch die Weiterentwicklung im Bereich MEMS und energiesparender kabelloser Datenübertragungen, ist mit einer Reduktion des elektrischen Verbrauchs des Sensorsystems und des EHC zu rechnen. Damit wird der Einsatzbereich des PEH zukünftig vergrößert.

Das Simulationsmodell wurde durch einen Vergleich mit anderen validierten Ansätzen validiert. Durch den Aufbau eines Prüfstandes, in dem ein mit der Methode ausgelegter PEH getestet wird, ist die Validierung zu bestätigen.

Die entwickelte Co-Simulation ist auf andere Anwendungen eines PEH übertragbar, sofern die am PEG wirkenden Lasten zur Verfügung stehen. Durch die Abbildung des PEG durch ein Kennfeld ist das Modell für die Berechnung größerer Simulationszeiten geeignet.

Literaturverzeichnis

[1] IEEE Standard on Piezoelectricity. In: *ANSI/IEEE Std 176-1978* (1978), S. 1–58

[2] IEEE Standard for Low-Rate Wireless Networks. In: *IEEE Std 802.15.4-2020 (Revision of IEEE Std 802.15.4-2015)* (2020), S. 1–800

[3] Abdulkhaliq, Habib S. ; Crawley, Fergus ; Luk, Patrick ; Luo, Zhenhua: Piezoelectric Energy Harvester for Harnessing Rotational Kinetic Energy through Linear Energy Conversion. In: *Energies* 16 (2023), Nr. 18. – URL `https://www.mdpi.com/1996-1073/16/18/6504`. – ISSN 1996-1073

[4] Abersfelder, Sandra ; Meyer, Alexander ; Heyder, Andreas ; Thanner, Marius ; Franke, Joerg: Prediction of electric motor performance by in-line testing of permanent excited rotors. In: *2016 6th International Electric Drives Production Conference (EDPC)*, 2016, S. 80–85

[5] Adu-Manu, Kofi S. ; Adam, Nadir ; Tapparello, Cristiano ; Ayatollahi, Hoda ; Heinzelman, Wendi: Energy-Harvesting Wireless Sensor Networks (EH-WSNs): A Review. In: *ACM Trans. Sen. Netw.* 14 (2018), Nr. 2. – ISSN 1550-4859

[6] Al Hadad, Mohamed: Rotating and non-rotating sensors for improving condition monitoring of wind turbines. In: *9th Australasian Congress on Applied Mechanics* (2018). ISBN 978-1-925627-02-2

[7] Antonino-Daviu, Jose: Electrical Monitoring under Transient Conditions: A New Paradigm in Electric Motors Predictive Maintenance. In: *Applied Sciences* 10 (2020), Nr. 17. – URL `https://www.mdpi.com/2076-3417/10/17/6137`. – ISSN 2076-3417

[8] Ardito, Raffaele ; Corigliano, Alberto ; Gafforelli, Giacomo ; Valzasina, Carlo ; Procopio, Francesco ; Zafalon, Roberto: Advanced Model for Fast Assessment of Piezoelectric Micro Energy Harvesters. In: *Frontiers*

L. Brandl, *Auslegung und Integration eines piezoelektrischen Energy-Harvesters zur Versorgung von Sensoren auf Rotoren elektrischer Maschinen*, Wissenschaftliche Reihe Fahrzeugtechnik Universität Stuttgart, https://doi.org/10.1007/978-3-658-50106-8

in Materials 3 (2016). – URL https://www.frontiersin.org/journals/materials/articles/10.3389/fmats.2016.00017. – ISSN 2296-8016

[9] Balmes, Etienne ; Derae, Arnaud ; SDTools (Hrsg.): *Modeling structures with piezoelectric materials: Theory and SDT Tutorial.* 2019

[10] Basak, Debasmita ; Tiwari, Arvind ; Das, S. P.: Fault diagnosis and condition monitoring of electrical machines - A Review. In: *2006 IEEE International Conference on Industrial Technology*, 2006, S. 3061–3066

[11] Baumann, Martin S. ; Steinboeck, Andreas ; Kemmetmüller, Wolfgang ; Kugi, Andreas: Indirekte Schätzung der Magnettemperatur einer Permanentmagnet-Synchronmaschine. In: *at - Automatisierungstechnik* 71 (2023), Nr. 8, S. 599–611

[12] Beitelschmidt, Michael ; Dresig, Hans: *Maschinendynamik.* 13. Auflage. Berlin and Heidelberg : Springer, 2024. – ISBN 9783662603130

[13] Bender, Klaus (Hrsg.): *Embedded systems - qualitätsorientierte Entwicklung.* Berlin and Heidelberg and New York : Springer, 2005. – ISBN 9783540229957

[14] Bolte, Ekkehard: *Elektrische Maschinen: Grundlagen · Magnetfelder · Erwärmung · Funktionsprinzipien · Betriebsarten · Einsatz · Entwurf · Wirtschaftlichkeit.* 2. Aufl. 2018. Berlin, Heidelberg : Springer Berlin Heidelberg, 2018. – URL http://nbn-resolving.org/urn:nbn:de:bsz:31-epflicht-1579646. – ISBN 9783662546888

[15] Bonart, Jakob Andreas E.: *Entwicklung einer End-of-Line Körperschallprüfmethodik für hochintegrierte elektrifizierte Antriebstopologien*, Technische Universität Chemnitz, Dissertation, 2023. – URL http://nbn-resolving.de/urn:nbn:de:bsz:ch1-qucosa2-897592

[16] Bourier, Günther: *Beschreibende Statistik: Praxisorientierte Einführung - mit Aufgaben und Lösungen.* 14. Auflage. Wiesbaden, Germany : Springer Gabler, 2022 (Lerbuch). – ISBN 9783658370206

[17] Braess, Hans-Hermann ; Seiffert, Ulrich: *Vieweg Handbuch Kraftfahrzeugtechnik.* Wiesbaden : Springer Fachmedien Wiesbaden, 2013. – ISBN 978-3-658-01690-6

[18] Brandl, Lukas ; Sauerwald, Ralf ; Reuss, Hans-Christian: Wireless Power Transmission for Powering a Sensor Placed at an Electrical Traction Machine with External Rotor. In: Kulzer, André C. (Hrsg.) ; Reuss, Hans-Christian (Hrsg.) ; Wagner, Andreas (Hrsg.): *23. Internationales Stuttgarter Symposium.* Wiesbaden : Springer Fachmedien Wiesbaden, 2023, S. 187–203. – ISBN 978-3-658-42048-2

[19] Brandl, Lukas ; Sauerwald, Ralf ; Reuss, Hans-Chritsian: Analysis of a transverse flux machine with regard to the operation of energy harvesting. Journal of Tongji University (Natural Science), 2022

[20] Burress, Tim ; Campbell, Steven: Benchmarking EV and HEV power electronics and electric machines. In: *2013 IEEE Transportation Electrification Conference and Expo (ITEC)*, 2013, S. 1–6

[21] Daukaev, K. ; Rassõlkin, A. ; Kallaste, A. ; Vaimann, T. ; Belahcen, A.: A review of electrical machine design processes from the standpoint of software selection. In: *2017 IEEE 58th International Scientific Conference on Power and Electrical Engineering of Riga Technical University (RTUCON)*, 2017, S. 1–6

[22] Dembowski, Klaus (Hrsg.): *Energy Harvesting für die Mikroelektronik: energieeffiziente und -autarke Lösungen für drahtlose Sensorsysteme.* Berlin and Offenbach : VDE-Verl., 2011. – ISBN 3800732343

[23] Dementyev, Artem ; Hodges, Steve ; Taylor, Stuart ; Smith, Joshua: Power consumption analysis of Bluetooth Low Energy, ZigBee and ANT sensor nodes in a cyclic sleep scenario. In: *2013 IEEE International Wireless Symposium (IWS)*, 2013, S. 1–4

[24] Deraemaeker, Arnaud ; Nasser, H. ; Benjeddou, A. ; Preumont, A.: Mixing Rules for the Piezoelectric Properties of Macro Fiber Composites. In: *Journal of Intelligent Material Systems and Structures - J INTEL MAT SYST STRUCT* 20 (2009), S. 1475–1482

[25] Deraemaeker, Arnaud ; Nasser, Houssein: Numerical evaluation of the equivalent properties of Macro Fiber Composite (MFC) transducers using periodic homogenization. In: *International Journal of Solids and Structures* 47 (2010), Nr. 24, S. 3272–3285. – URL https://www.sciencedirect.com/science/article/pii/S0020768310002854. – ISSN 0020-7683

[26] Dettinger, Falk ; Jazdi, Nasser ; Weyrich, Michael ; Brandl, Lukas ; Reuss, Hans-Christian ; Pecha, Urs ; Parspour, Nejila ; Li, Shiqing ; Frey, Michael ; Gauterin, Frank ; Nägele, Ann-Therese ; Lüntzel, Vitus A. ; Sax, Eric: Machine-Learning-Based Fault Detection in Electric Vehicle Powertrains Using a Digital Twin. In: *23rd Stuttgart International Symposium*, SAE International, 2023

[27] Deutsches Institut für Normung e.V.: *DIN 743: Tragfähigkeitsberechnung von Wellen und Achsen – Teil 1: Grundlagen.* 2012-12-00

[28] Deutsches Institut für Normung e.V.: *DIN ISO 21940-1: Mechanische Schwingungen - Auswuchten von Rotoren: Teil 1: Einführung.* 2019-07-00

[29] Deutsches Institut für Normung e.V.: *DIN 867: Bezugsprofile für Evolventenverzahnungen an Stirnrädern (Zylinderrädern) für den allgenrieinen Maschinenbau und den Schwermaschinenbau.* 2086-02-00

[30] Dezfouli, Behnam ; Radi, Marjan ; Abd Razak, Shukor ; Hwee-Pink, Tan ; Abu Bakar, Kamalrulnizam: Modeling low-power wireless communications. In: *Journal of Network and Computer Applications* 51 (2015), S. 102–126. – URL https://www.sciencedirect.com/science/article/pii/S1084804514000472. – ISSN 1084-8045

[31] Doolan Fernandes, Jefferson ; Carvalho Souza, Francisco E. ; Cipriano Maniçoba, Glauco G. ; Salazar, Andrés O. ; Paiva, José A. de: Wireless Monitoring of Induction Machine Rotor Physical Variables. In: *Sensors* 17 (2017), Nr. 11. – URL https://www.mdpi.com/1424-8220/17/11/2660. – ISSN 1424-8220

[32] ELVIN, Niell G. ; ELVIN, Alex A.: A Coupled Finite Element—Circuit Simulation Model for Analyzing Piezoelectric Energy Generators. In: *Journal of Intelligent Material Systems and Structures* 20 (2009), Nr. 5, S. 587–595

[33] ERTURK, Alper ; INMAN, Daniel J.: Issues in mathematical modeling of piezoelectric energy harvesters. In: *Smart Materials and Structures* 17 (2008), Nr. 6, S. 065016

[34] ERTURK, Alper ; INMAN, Daniel J.: *Piezoelectric Energy Harvesting*. New York, NY : John Wiley & Sons, 2011. – ISBN 9781119991168

[35] FALEKAS, Georgios ; KARLIS, Athanasios: Digital Twin in Electrical Machine Control and Predictive Maintenance: State-of-the-Art and Future Prospects. In: *Energies* 14 (2021), Nr. 18. – URL `https://www.mdpi.com/1996-1073/14/18/5933`. – ISSN 1996-1073

[36] FILIPPETTI, Fiorenzo ; BELLINI, Alberto ; CAPOLINO, Gérard-André: Condition monitoring and diagnosis of rotor faults in induction machines: State of art and future perspectives. In: *2013 IEEE Workshop on Electrical Machines Design, Control and Diagnosis (WEMDCD)*, 2013, S. 196–209

[37] FILOMENO, Giovanni ; KRÜGER, Bastian ; TENBERGE, Peter ; DENNIN, Dirk: Rapid Electric Motor Sizing Estimation for utomotive Application with Statistical Approach Using Catalog Values. In: *International Journal of Mechanical Engineering and Robotics Research* 9 (2020), Nr. 11

[38] FISCHER, Rolf ; NOLLE, Eugen: *Elektrische Maschinen: Aufbau, Wirkungsweise und Betriebsverhalten*. 18., neu bearbeitete Auflage. München : Hanser, 2022. – ISBN 9783446469129

[39] GEDEON, Dominik ; RUPITSCH, Stefan J.: Finite element based system simulation for piezoelectric vibration energy harvesting devices. In: *Journal of Intelligent Material Systems and Structures* 29 (2018), Nr. 7, S. 1333–1347

[40] GIERCZYNSKI, Michal ; GRZESIAK, Lech M.: Comparative Analysis of the Steady-State Model Including Non-Linear Flux Linkage Surfaces and the Simplified Linearized Model when Applied to a Highly-Saturated

Permanent Magnet Synchronous Machine—Evaluation Based on the Example of the BMW i3 Traction Motor. In: *Energies* 14 (2021), Nr. 9. – URL `https://www.mdpi.com/1996-1073/14/9/2343`. – ISSN 1996-1073

[41] Gritli, Y. ; Bellini, A. ; Rossi, C. ; Casadei, D. ; Filippetti, F. ; Capolino, G-A.: Condition monitoring of mechanical faults in induction machines from electrical signatures: Review of different techniques. In: *2017 IEEE 11th International Symposium on Diagnostics for Electrical Machines, Power Electronics and Drives (SDEMPED)*, 2017, S. 77–84

[42] Gross, Dietmar ; Hauger, Werner ; Schröder, Jörg ; Wall, Wolfgang A.: *Technische Mechanik 2: Elastostatik*. 15. Auflage. Berlin and Heidelberg : Springer Vieweg, 2024. – ISBN 9783662684238

[43] Grzybek, Dariusz: *Piezoelectric Generators in the Energy Harvesting Systems*. Zurich : Trans Tech Publications Ltd, 2016

[44] Hashemian, Hashem-Mehrdad: Wireless sensors for predictive maintenance of rotating equipment in research reactors. In: *Annals of Nuclear Energy* 38 (2011), Nr. 2, S. 665–680. – URL `https://www.sciencedirect.com/science/article/pii/S0306454910003324`. – ISSN 0306-4549

[45] Heidle, Daniel: *Modellierung und Simulation eines piezoelektrischen Generators*. Universität Stuttgart, Masterarbeit, 01.05.2023

[46] Heywang, Walter: *Springer Series in Materials Science Ser.* Bd. v.114: *Piezoelectricity: Evolution and Future of a Technology*. Berlin, Heidelberg : Springer Berlin / Heidelberg, 2008. – URL `https://ebookcentral.proquest.com/lib/kxp/detail.action?docID=417227`. – ISBN 9783540686835

[47] Hezekiah, James Deva K. ; Ramya, Karnam C. ; Radhakrishnan, Sathya Bama K. ; Kumarasamy, Vishnu M. ; Devendran, Malathi ; Ramalingam, Avudaiammal ; Maheswar, Rajagopal: Review of Next-Generation Wireless Devices with Self-Energy Harvesting for Sustaina-

bility Improvement. In: *Energies* 16 (2023), Nr. 13. – URL `https://www.mdpi.com/1996-1073/16/13/5174`. – ISSN 1996-1073

[48] Hurst, K. D. ; Habetler, T. G.: A thermal monitoring and parameter tuning scheme for induction machines. In: *IAS '97. Conference Record of the 1997 IEEE Industry Applications Conference Thirty-Second IAS Annual Meeting* Bd. 1, 1997, S. 136–142 vol.1

[49] Husain, Iqbal ; Ozpineci, Burak ; Islam, Md S. ; Gurpinar, Emre ; Su, Gui-Jia ; Yu, Wensong ; Chowdhury, Shajjad ; Xue, Lincoln ; Rahman, Dhrubo ; Sahu, Raj: Electric Drive Technology Trends, Challenges, and Opportunities for Future Electric Vehicles. In: *Proceedings of the IEEE* 109 (2021), Nr. 6, S. 1039–1059

[50] Imoru, O. ; Jimoh, A. A. ; Hamam, Y.: Origin and manifestation of electrical machine faults-A review. In: *The 2nd IEEE Conference on Power Engineering and Renewable Energy (ICPERE) 2014*, 2014, S. 189–194

[51] Jaljal, Nawal ; Trigeol, Jean-FranÇois ; Lagonotte, Patrick: Reduced Thermal Model of an Induction Machine for Real-Time Thermal Monitoring. In: *IEEE Transactions on Industrial Electronics* 55 (2008), Nr. 10, S. 3535–3542

[52] Kavana, V. ; Neethi, M.: Fault Analysis and Predictive Maintenance of Induction Motor Using Machine Learning. In: *2018 International Conference on Electrical, Electronics, Communication, Computer, and Optimization Techniques (ICEECCOT)*, 2018, S. 963–966

[53] Keil, Stefan: *Dehnungsmessstreifen*. 2. Aufl. 2017. Wiesbaden : Springer Vieweg, 2017 (SpringerLink Bücher). – ISBN 9783658136123

[54] Khameneifar, Farbod ; Arzanpour, Siamak ; Moallem, Mehrdad: *A Piezoelectric Energy Harvester for Rotary Motion Applications: Design and Experiments*. New York : IEEE, 2013

[55] Khazaee, Majid ; Rosendahl, Lasse A. ; Rezania, Alireza: Online Condition Monitoring of Rotating Machines by Self-Powered Piezoelectric Transducer from Real-Time Experimental Investigations. In: *Sensors*

22 (2022), Nr. 9. – URL https://www.mdpi.com/1424-8220/22/9/3395. – ISSN 1424-8220

[56] Kraftfahrt Bundesamt: *Elektro-Pkw im Pkw-Bestand 2015-2025.* – URL https://www.deutschlandatlas.bund.de/DE/Karten/Wie-wir-uns-bewegen/111-Elektroautos-Pkw-Bestand.html#_wokn9uu56. – Zugriffsdatum: 17.08.2025

[57] Kuang, Yang ; Zhu, Meiling: Evaluation and validation of equivalent properties of macro fibre composites for piezoelectric transducer modelling. In: *Composites Part B: Engineering* 158 (2019), S. 189–197. – URL https://www.sciencedirect.com/science/article/pii/S1359836818301975. – ISSN 1359-8368

[58] Lee, Sang B. ; Stone, Greg C. ; Antonino-Daviu, Jose ; Gyftakis, Konstantinos N. ; Strangas, Elias G. ; Maussion, Pascal ; Platero, Carlos A.: Condition Monitoring of Industrial Electric Machines: State of the Art and Future Challenges. In: *IEEE Industrial Electronics Magazine* 14 (2020), Nr. 4, S. 158–167

[59] Lei, Gang (Hrsg.) ; Zhu, Jiangou (Hrsg.) ; Guo, Youguang (Hrsg.): *Multidisciplinary Design Optimization Electrical Machines and Drive Systems.* Berlin : Springer, 2016. – ISBN 978-3-662-49271-0

[60] Li, Fuxu ; Li, Guangji: Application of ANSYS APDL in the Design of Piezoelectric Transducer. In: *Proceedings of the 2015 International Conference on Advanced Engineering Materials and Technology*, Atlantis Press, 2015/08, S. 506–511. – ISBN 978-94-6252-108-7

[61] Linear Technology ; Linear Technology (Hrsg.): *LTC 3588-1 Datasheet*

[62] Lu, Bin ; Durocher, David B. ; Stemper, Peter: Predictive maintenance techniques. In: *IEEE Industry Applications Magazine* 15 (2009), Nr. 6, S. 52–60

[63] Mahmoud, Mahmoud S. ; Mohamad, Auday A. H.: A Study of Efficient Power Consumption Wireless Communication Techniques/ Modules for Internet of Things (IoT) Applications. In: *Advances in Internet of Things* 6 (2016), Nr. 2

[64] Maier, Marcel ; Parspour, Nejila: Operation of an Electrical Excited Synchronous Machine by Contactless Energy Transfer to the Rotor. In: *IEEE Transactions on Industry Applications* 54 (2018), Nr. 4, S. 3217–3225

[65] Manjare, Aniket A. ; Patil, Babasaheb G.: A Review: Condition Based Techniques and Predictive Maintenance for Motor. In: *2021 International Conference on Artificial Intelligence and Smart Systems (ICAIS)*, 2021, S. 807–813

[66] MathWorks: *Gaussian Models*. – URL `https://de.mathworks.com/help/curvefit/gaussian.html`. – Zugriffsdatum: 13.10.2024

[67] Mazaheri-Tehrani, Ehsan ; Faiz, Jawad: Airgap and stray magnetic flux monitoring techniques for fault diagnosis of electrical machines: An overview. In: *IET Electric Power Applications* 16 (2022), Nr. 3, S. 277–299

[68] Meng, Tianze ; Zhang, Pinjia: A Review of Thermal Monitoring Techniques for Radial Permanent Magnet Machines. In: *Machines* 10 (2022), Nr. 1. – URL `https://www.mdpi.com/2075-1702/10/1/18`. – ISSN 2075-1702

[69] Meskouris, Konstantin ; Hake, Erwin: *Statik der Stabtragwerke: Einführung in die Tragwerkslehre*. [Online-Ausg. der] 2., [gedr.] Aufl. Berlin and Heidelberg : Springer, 2009 (Springer-Lehrbuch). – ISBN 9783540889939

[70] Micek, Piotr ; Grzybek, Dariusz: Wireless stress sensor based on piezoelectric energy harvesting for a rotating shaft. In: *Sensors and Actuators A: Physical* 301 (2020), S. 111744. – URL `https://www.sciencedirect.com/science/article/pii/S0924424719312336`. – ISSN 0924-4247

[71] Miljavec, Damijan: D3.1: Report on electrical motor requirements. (2018). – URL `http://drivemode-h2020.eu/wp-content/uploads/2021/02/DRIVEMODE_D3.2_`

Report-on-electrical-motor-technologies_v1.0.pdf. – Zugriffsdatum: 16.12.2024

[72] Mohammed, A. ; Djurović, S. ; Smith, A. C. ; Tshiloz, K.: FBG sensing for hot spot thermal monitoring in electric machinery random wound components. In: *2016 XXII International Conference on Electrical Machines (ICEM)*, 2016, S. 2266–2272

[73] Müller, Germar (Hrsg.) ; Vogt, Karl (Hrsg.) ; Ponick, Bernd (Hrsg.): *Elektrische Maschinen.* Bd. 2: *Berechnung elektrischer Maschinen.* 6., völlig neu bearb. Aufl. Weinheim : Wiley-VCH, 2008. – ISBN 9783527405251

[74] Nandi, S. ; Toliyat, H. A. ; Li, X.: Condition Monitoring and Fault Diagnosis of Electrical Motors—A Review. In: *IEEE Transactions on Energy Conversion* 20 (2005), Nr. 4, S. 719–729

[75] Nau, Sebastiao L. ; Schmitz, Daniel ; Lima Pires, Waldiberto de: Methods to evaluate the quality of stator and rotor of electric motors. In: *2015 IEEE 10th International Symposium on Diagnostics for Electrical Machines, Power Electronics and Drives (SDEMPED)*, 2015, S. 64–70

[76] Nikoukar, Ali ; Raza, Saleem ; Poole, Angelina ; Güneş, Mesut ; Dezfouli, Behnam: Low-Power Wireless for the Internet of Things: Standards and Applications. In: *IEEE Access* 6 (2018), S. 67893–67926

[77] Öchsner, Andreas: *Theorie der Balkenbiegung: Einführung und Modellierung der statischen Verformung und Beanspruchung.* 1. Aufl. 2016. Wiesbaden : Springer Fachmedien Wiesbaden, 2016 (essentials). – ISBN 9783658146382

[78] Oudenhoven, J. F. M. ; Vullers, R. J. M. ; van Schaijk, R.: A review of the present situation and future developments of micro-batteries for wireless autonomous sensor systems. In: *International Journal of Energy Research* 36 (2012), Nr. 12, S. 1139–1150

[79] Paolanti, Marina ; Romeo, Luca ; Felicetti, Andrea ; Mancini, Adriano ; Frontoni, Emanuele ; Loncarski, Jelena: Machine Learning approach for Predictive Maintenance in Industry 4.0. In: *2018 14th IEEE/ASME*

International Conference on Mechatronic and Embedded Systems and Applications (MESA), 2018, S. 1–6

[80] PAPATHANASOPOULOS, Dimitrios A. ; GIANNOUSAKIS, Konstantinos N. ; DERMATAS, Evangelos S. ; MITRONIKAS, Epaminondas D.: Vibration Monitoring for Position Sensor Fault Diagnosis in Brushless DC Motor Drives. In: *Energies* 14 (2021), Nr. 8. – URL `https://www.mdpi.com/1996-1073/14/8/2248`. – ISSN 1996-1073

[81] PARK, Yonghyun ; FERNANDEZ, Daniel ; LEE, Sang B. ; HYUN, Doosoo ; JEONG, Myung ; KOMMURI, Suneel K. ; CHO, Changhee ; DIAZ REIGOSA, David ; BRIZ, Fernando: Online Detection of Rotor Eccentricity and Demagnetization Faults in PMSMs Based on Hall-Effect Field Sensor Measurements. In: *IEEE Transactions on Industry Applications* 55 (2019), Nr. 3, S. 2499–2509

[82] PONTI, Jacopo M. de: *Graded Elastic Metamaterials for Energy Harvesting*. 1st ed. 2021. Cham : Springer International Publishing and Imprint: Springer, 2021 (Springer eBook Collection). – ISBN 9783030690601

[83] PRIYA, Shashank (Hrsg.): *Energy Harvesting Technologies*. New York, NY : Springer, 2010. – ISBN 978-1-4419-4552-5

[84] RIERA-GUASP, Martin ; ANTONINO-DAVIU, Jose A. ; CAPOLINO, Gérard-André: Advances in Electrical Machine, Power Electronic, and Drive Condition Monitoring and Fault Detection: State of the Art. In: *IEEE Transactions on Industrial Electronics* 62 (2015), Nr. 3, S. 1746–1759

[85] SCHMID, Martin ; SCHURR, Julian ; BRANDL, Lukas ; SAUERWALD, Ralf ; KNECHT, Simon ; NÖLLER, Marcel ; YU, Yongxin ; PARSPOUR, Nejila ; GAUTERIN, Frank ; GOLL, Dagmar ; REUSS, Hans-Christian ; ALBERS, Albert ; BAUSE, Katharina: Optimization potentials of the transverse flux machine over the product life cycle. In: *2194-1629* 236 (2023). – ISSN 2194-1629

[86] SCHNEIDER, Hatto: *Auswuchttechnik: Grundlagen für systematische Prozesse*. 9., vollständig überarbeitete und erweiterte Auflage. Berlin and

[Heidelberg] : Springer Vieweg, 2020 (Springer eBook Collection). – ISBN 9783662618912

[87] Sezer, Nurettin ; Koç, Muammer: A comprehensive review on the state-of-the-art of piezoelectric energy harvesting. In: *Nano Energy* 80 (2021), S. 105567. – URL https://www.sciencedirect.com/science/article/pii/S2211285520311411. – ISSN 2211-2855

[88] Shao, Lingyun ; Karci, Ahu Ece H. ; Tavernini, Davide ; Sorniotti, Aldo ; Cheng, Ming: Design Approaches and Control Strategies for Energy-Efficient Electric Machines for Electric Vehicles—A Review. In: *IEEE Access* 8 (2020), S. 116900–116913

[89] Smart Materials ; Smart Materials (Hrsg.): *Macro Fiber Composite Datenblatt.* – URL https://www.smart-material.com/media/Datasheets/MFC_V2.4-datasheet-web.pdf. – Zugriffsdatum: 25.01.2024

[90] Tang, Xiaoli ; Wang, Xianghong ; Cattley, Robert ; Gu, Fengshou ; Ball, Andrew D.: Energy Harvesting Technologies for Achieving Self-Powered Wireless Sensor Networks in Machine Condition Monitoring: A Review. In: *Sensors* 18 (2018), Nr. 12. – URL https://www.mdpi.com/1424-8220/18/12/4113. – ISSN 1424-8220

[91] Tavner, Peter ; Ran, Li ; Penman, Jim ; Sedding, Howard: *Condition Monitoring of Rotating Electrical Machines.* Institution of Engineering and Technology, 2008 (Energy Engineering). – URL https://digital-library.theiet.org/content/books/po/pbpo056e

[92] Thomas, R. ; Garbuio, L. ; Gerbaud, L. ; Chazal, H.: Modeling and design analysis of the Tesla Model S induction motor. In: *2020 International Conference on Electrical Machines (ICEM)* Bd. 1, 2020, S. 495–501

[93] Tiwari, Divya ; Farnsworth, Michael ; Zhang, Ze ; Jewell, Geraint W. ; Tiwari, Ashutosh: In-process monitoring in electrical machine manufacturing: A review of state of the art and future directions. In: *Proceedings*

of the Institution of Mechanical Engineers, Part B: Journal of Engineering Manufacture 235 (2021), Nr. 13, S. 2035–2051

[94] Tschöke, Helmut (Hrsg.): *Die Elektrifizierung des Antriebsstrangs: Basiswissen*. Wiesbaden : Springer Vieweg, 2015 (ATZ/MTZ-Fachbuch). – ISBN 9783658046439

[95] Vaimann, Toomas ; Kallaste, Ants: Condition Monitoring of Electrical Machines. In: *11th Int. Symp. "Topical problems in the field of el. and power eng* (2012), S. 209–212

[96] VDI The Association of German Engineers: *VDI/VDE 2206: Development of mechatronic and cyber-physical systems*. 2021-11-00

[97] Wagner, Alfons ; Reuss, Hans-Christian ; Brandl, Lukas: Parameter Identification Using the Model Fitting Method. In: Bargende, Michael (Hrsg.) ; Reuss, Hans-Christian (Hrsg.) ; Wagner, Andreas (Hrsg.): *22. Internationales Stuttgarter Symposium*. Wiesbaden : Springer Fachmedien Wiesbaden, 2022, S. 155–164. – ISBN 978-3-658-37009-1

[98] Wallscheid, Oliver: Thermal Monitoring of Electric Motors: State-of-the-Art Review and Future Challenges. In: *IEEE Open Journal of Industry Applications* 2 (2021), S. 204–223

[99] Wallscheid, Oliver ; Böcker, Joachim: Derating of automotive drive systems using model predictive control. In: *2017 IEEE International Symposium on Predictive Control of Electrical Drives and Power Electronics (PRECEDE)*, 2017, S. 31–36

[100] Williams, C. B. ; Yates, R. B.: *Analysis of a micro-electric generator for microsystems*. Elsevier B.V, 1996

[101] Wittenburg, Jens ; Pestel, Eduard: *Festigkeitslehre: Ein Lehr- und Arbeitsbuch*. 3. Aufl., Nachdr. in veränd. Ausstattung. Berlin and Heidelberg : Springer, 2011 (Klassiker der Technik). – ISBN 9783642209123

[102] Yang, Bin ; Liu, Huicong ; Liu, Jingquan ; Lee, Chengkuo: *Micro and nano energy harvesting technologies*. Boston and London : Artech House, 2015 (Artech House microelectromechanical systems library)

[103] YANG, Yaowen ; TANG, Lihua ; LI, Hongyun: *Vibration energy harvesting using macro-fiber composites*. IOP Publishing, 2009

[104] ZAITSEV, Ievgen ; BEREZNYCHENKO, Victoriia ; BAJAJ, Mohit ; TAHA, Ibrahim B. M. ; BELKHIER, Youcef ; TITKO, Vladyslav ; KAMEL, Salah: Calculation of Capacitive-Based Sensors of Rotating Shaft Vibration for Fault Diagnostic Systems of Powerful Generators. In: *Sensors* 22 (2022), Nr. 4. – URL https://www.mdpi.com/1424-8220/22/4/1634. – ISSN 1424-8220

[105] ZIMMERMANN, Thomas ; FREY, Alexander ; SCHREITER, Matthias ; SEIDEL, Julian ; KUEHNE, Ingo: MEMS-based piezoelectric energy harvesting modules for distributed automotive tire sensors. In: *International Multi-Conference on Systems, Signals & Devices*, 2012, S. 1–4

[106] ZONTA, Tiago ; ANDRÉ DA COSTA, Cristiano ; DA ROSA RIGHI, Rodrigo ; JOSÉ DE LIMA, Miromar ; SILVEIRA DA TRINDADE, Eduardo ; LI, Guann P.: Predictive maintenance in the Industry 4.0: A systematic literature review. In: *Computers & Industrial Engineering* 150 (2020), S. 106889. – URL https://www.sciencedirect.com/science/article/pii/S0360835220305787. – ISSN 0360-8352

Kolibri 360 GmbH
Ferdinand-Jühlke-Straße 7
99095 Erfurt, Deutschland
produktsicherheit@kolibri360.de